JN298808

生物多様性を育む食と農

西川芳昭 編著

住民主体の種子管理を支える知恵と仕組み

コモンズ

生物多様性を育む食と農

Contents

序章 農業のための生物多様性の管理とその制度の重要性
西川芳昭 8

1. 農作物の遺伝資源の重要性 8
2. 国際条約の交渉と農家の実態の乖離 10
3. 本書の視点と枠組み 12
4. 本書の構成 16

第1部 農業生物多様性管理のローカルな仕組みと知恵を支える制度

第1章 種子を届ける「街のタネ屋さん」の役割
根本和洋 24

1. 自家採種の産物としての在来品種 24
2. 誰がタネを採っているのか？ 25
3. 地方在来品種の行方を占う街のタネ屋さん 32
4. タネ屋の始まりと現在 37
5. 地方在来品種が生き残っていくために 41

第2章 農業生物多様性の管理に関わるNPOの社会的機能と運営特性
――在来品種の保全・利用を進める団体を事例として
冨吉満之・西川芳昭 45

1. 農業者を補完するNPOの活動 45
2. 作物遺伝資源を保全・利用する意義 46
3. 作物遺伝資源の管理を行う多様な主体と調査対象 49
4. 組織主体別に見た作物遺伝資源管理に関わるNPOの実態 50

5 多様な主体の特徴比較と NPO による管理の可能性 *61*

第3章 遺伝的侵食を防ぐ小さなひょうたん博物館
——ケニアにおけるひょうたんの多様性の保全活動

森元泰行 *68*

1 女性グループが造った博物館 *68*
2 さまざまな利用形態 *69*
3 キテテの多様性の保全と村落開発 *74*
4 情報の共有と普及 *78*
5 村落開発活動から得られた経験と地域の変化 *81*

第4章 農家は作物の品種をどのように選んでいるのか
——ブルキナファソで外部者が学んだこと

西川芳昭・槇原大悟・稲葉久之・小谷(永井)美智子 *84*

1 調査・実験にあたっての背景 *84*
2 調査研究の経緯・目的・体制 *85*
3 ブルキナファソ農業の概要とアンケート調査の方法 *89*
4 農学的観点から見たブルキナファソ農家の品種選択 *90*
5 社会学的観点から見たブルキナファソ農家の品種選択 *98*
6 ブルキナファソの農家から学んだこと *106*

第5章 生物多様性維持へのカナダの挑戦
——水利権と伝統知からのアプローチ

松井健一 *110*

1 水と生物多様性 *110*
2 水法による水利権の概念 *112*
3 水法の問題点 *116*
4 伝統的知識を政策に取り込む *119*
5 伝統的知識政策の問題点 *121*

6　倫理からのアプローチの可能性 125

第6章　サゴヤシ利用の変遷と多様性の管理
　　　　　　　　　　　　　　　　　　　　　　　　　西村美彦　133
　　1　多様な用途に使われるヤシ 133
　　2　食文化としてのサゴ澱粉 134
　　3　サゴヤシの多目的利用 135
　　4　サゴヤシ澱粉の抽出方法の地域的多様性 140
　　5　サゴヤシ澱粉抽出方法と品種の変遷 144

第2部　農業生物多様性管理の国際的制度とローカルな活動をつなぐ仕組み

第7章　生態系サービスの経済評価
　　　　──生物多様性条約と温暖化防止条約の比較の視点から
　　　　　　　　　　　　　　　　　　　　　　　　　藤川清史　150
　　1　なぜ生態系サービスの経済評価なのか 150
　　2　生物多様性保全と地球温暖化防止 152
　　3　生態系サービスを経済評価する 154
　　4　生態系への支払いの試み 161
　　5　定着しつつある生態系サービスへの支払い 166

第8章　エチオピアにみる作物種子の多様性を維持する仕組み
　　　　──ローカルとグローバルをつなぐNGOのコミュニティ・
　　　　　シードバンクを事例に
　　　　　　　　　　　　　　　　　　　　　　　　　福田聖子　170
　　1　農業生物多様性管理とコミュニティ・シードバンク 170

2 農業生物多様性管理と種子生産をめぐる状況 *172*
3 国際NGOのグローバルな視野とミクロレベルの作物遺伝資源の管理 *173*
4 コミュニティ・シードバンクの歴史と概要 *176*
5 政府関係機関との協働 *180*

コラム ネパールにおける参加型植物育種とは　鄭せいよう *185*

第9章 食料農業植物遺伝資源の保全と国際利用の俯瞰
―― グローバルな利益配分と地域組織の分析および倫理面の検討
渡邉和男 *190*

1 遺伝資源の利用に係るパラダイムシフト *190*
2 遺伝資源の保全活動 *194*
3 絶滅した種の再生は可能か？ *195*
4 植物を例とした価値の認知と保護 *196*
5 生物多様性条約の現況 *198*
6 生物多様性条約における遺伝資源へのアクセスと利益配分に関する交渉 *199*
7 遺伝資源は国家資産か人類の共通の財産か *201*

コラム 食料農業植物遺伝資源に関する条約について
渡邉和男 *206*

終章 農業生物多様性を管理する多様な組織・制度の ネットワーク構築に向けて
西川芳昭 *210*

1 与えられた課題 *210*
2 農業の近代化と農業生物多様性の消失 *211*
3 開発と生物多様性保全の相克 *212*
4 生物多様性利用にともなう公平な利益配分 *214*
5 参加型開発と「食料主権」「農民の権利」 *217*

Contents

6 グローバルとローカルを結ぶ制度構築に必要な視点 *221*
7 今後議論すべきこと *224*

あとがき ● 今後にむけて何が必要なのか　　　　西川芳昭 *230*

執筆者一覧 *233*

序章 農業のための生物多様性の管理とその制度の重要性

西川 芳昭

1 農作物の遺伝資源の重要性

　1992年の国連環境開発会議(地球サミット)をうけて93年に発効した生物の多様性に関する条約(Convention for Biological Diversity 以下「生物多様性条約」)は、現在197カ国・地域が加盟する生物多様性に関するもっとも重要な国際的約束である。この条約は環境保全のための条約と理解されることも多いが、その重要な目的として、生物多様性の持続可能な利用とそこから得られた利益の公正かつ衡平な配分がある。

　生物多様性条約においては、多様性を構成する要素である遺伝資源に対する主権を国家に与えている。したがって、利用から生じる利益の配分についても国家間の交渉を前提に議論され、長年にわたる交渉の結果、2010年10月に生物の多様性に関する条約の遺伝資源の取得の機会及びその利用から生ずる利益の公正かつ衡平な配分に関する名古屋議定書(略称：名古屋議定書)という形で今後の配分システムの考え方に一定の合意を見た。基本的には、関係する国家間またはその指定した機関間で合意した条件に基づいて利用と利益配分が行われる。

　生物多様性のなかで私たちにとってもっとも重要なのは、農作物や家畜の遺伝資源である。生物多様性には、生態系・種・種内の三つのレベルが存在する。すなわち、生態系とは地域にさまざまな種類の生物が棲息してシステムをつくりあげている里山のようなものだ。農業との関係では、田んぼの鳥や虫・雑草などの多様性が日本では話題になっている。また、哺乳類に属するパンダやシロナガスクジラが減びると種の数が減る。これは種レベルの多様性の減少である。一般に、多くの人びとが注目しているのは絶滅危惧種などを中心とした種レベルの生物多様性である。

　農作物の場合、世界中に存在する植物のうち私たち人間が利用している種は

少ない。農業における生物多様性のなかで、実際に私たちの生活にとってもっとも重要なものは、種内レベルの作物品種の多様性であろう。たとえば、練馬ダイコン、聖護院ダイコン、桜島ダイコンは、種は同じであるが、品種としては変異をもっており、生物多様性の一部を構成する。このように品種とは、生物学的には同じ種でありながら、一つ以上の農業上の形質が他と異なるものをいう。

　日本人にとってもっともなじみが深いのはコメの品種であろう。コシヒカリやアキタコマチのようなブランド品種はもちろん、全国で多くの品種が作られている。しかし、残念ながら一部の専門家を除いては、私たちが日常的に食べているものの源である種子や品種などの遺伝資源が、生物多様性に含まれていると意識される場合は少ない。

　農業や食料に直接関係する生物多様性の重要性にかんがみ、生物多様性条約とは別に、世界的に重要な作物の遺伝資源については、多国間システムによって、より簡便な利用と利益配分を図ることを目的に、2004年に食料農業植物遺伝資源国際条約が成立した。だが、日本はまだ加入していない。食料安全保障や農業・農村開発という面での資源としての作物の種内変異の生物多様性をつくり出し、種子に関わり続けて維持している農家の役割を重視しながら、グローバルな枠組みのなかでの制度について議論しようというのが、本書の目的である。

　筆者が学生として作物遺伝学を学んでいた1982年に、NHKがシリーズ「日本の条件」で食料問題を取り上げた際に、土地・肉食への変化と並んで、種子の安全保障に言及した[1]。そこでは、食料危機に直面して土と種子の問題を認識し直すのでは遅いことが明言されている。また、国連食糧農業機関(FAO)は『食料・農業のための世界植物遺伝資源白書』[2]で、こう述べる。

　「土壌、水、そして遺伝資源は農業と世界の食料安全保障の基盤を構成している。これらのうち、もっとも理解されず、かつもっとも低く評価されているのが植物遺伝資源である」

　NHK取材班の指摘と同様に、植物を生産する営みである農業をするのに、土、水、光などに加えて種子や品種が必要であることを、FAOは強調している。これまで、土壌や水については、世界的・地域的な議論がかなり活発に行われてきた。しかし、植物の遺伝資源に関しては、企業・研究者による育種利

用や、製薬会社・化学会社などによる植物由来成分の商業的利用のように、ごく一部でしか議論されていなかった。このため、農家や消費者を含む一般の人たちが品種の重要性に気づくことが遅れ、政策や制度の面からも全体像の把握と改善が遅々として進まないと、警鐘をならしているのである。

作物遺伝資源の多様性の中心は一般に、その作物の栽培化が行われた場所と一致するとされ、多くの場合は現在の開発途上地域に存在する。実際、改良品種にアクセスでき、あるいは農民が自らの圃場の一部でそうした改良品種を栽培しながらも、他から強いられずに在来品種[3]の栽培を続けている例が報告されている[4]。改良品種の導入によって在来品種の栽培が減少し、遺伝資源が消失していることは疑いないが、環境の多様性が大きい地域では現在も作物の多様性が豊かである。そうした地域の生態的な不均一性や栽培体系の回復力の強さが、在来作物遺伝資源の多様性を農民が維持している要因と考えられる。

多くの地域において、農家が在来品種の栽培を続けているのは、決して農業の近代化や集約化に対する異なる選択肢としてではない。むしろ、改良品種を主として利用する商業的農業と、在来品種をおもに利用する生業的な農業は、並行して存在し得る。

農業と人びとの生活を統合した生物文化多様性保全の組織制度のなかでは、農民自身による活動が重視され、参加型開発の隆盛に合わせて農民組織の強化に多様な支援が行われている。市場性の高い一代雑種の品種導入と、自家採種の活用が並存する例も多い。生物多様性の管理は地域住民の生活の質の向上に資することが大切であり、そのための「農民の権利」[5]や「伝統的知識の保護」[6]を促進する組織制度の構築は開発および環境政策における重要な課題である。

2　国際条約の交渉と農家の実態の乖離

農家が直接畑で利用する作物遺伝資源の多様性の価値を意識すれば、作物品種の多様性が将来の育種素材としての価値だけでなく、いまそこで生きている人びとに育まれ、利用される資源であることが理解できる。しかし、そのことが、地球規模で議論されている生物多様性条約や名古屋議定書、また食料農業植物遺伝資源国際条約のような国際的枠組みを無視したり相反するものであっては、その実現性や持続性は担保され得ない。

地域の環境とそれを利用・管理する人間との関係の回復が、人間と生物多様性の双方にとって重要である。その関係によって自分たちの生活が維持されていることが理解されると、遺伝資源の地域関係者による管理が何にもまして人間の活動の優先事項とされる可能性があることは明らかである。このような意識を背景として、本書のタイトルを『生物多様性を育む食と農―住民主体の種子管理を支える知恵と仕組み―』とした。

　実際には、作物の多様性を守り、自家採種を続ける人びとも、在来品種の野菜を食べる人びとも、多くの場合は国際的枠組みなど関係なく日々の活動を行っている。知的財産権を明示的に主張しようとはしない。自分たちが、いまその場所で利用し続けること、それを自己決定できる自由のみを主張していると考えられる。ところが、条約や議定書の解釈や国内法への適用の仕方しだいでは、この権利も脅かされかねない。

　生物多様性の保全と利用全体を扱う生物多様性条約の議論が盛んになりつつある一方で、とくに開発途上国の将来を考えたとき、国家レベルにおいては、保全ではなく開発が優先される場合も多い。各国政府・国際援助機関は農業の発展が開発に重要であることに合意しているものの、その農業とはあくまでも産業としての農業である。「農民の権利」や「伝統的知識の保護」に重要な役割を果たしている生業・生活としての農業については、ほとんどふれられていない[7]。また、農家が主体となった生物文化多様性を支える作物遺伝資源の管理や在来品種の保全や利用のための国際協力は、一部のNGOによる取り組みを除いて、必ずしも増大しているとは言えない。

　同時に、作物の品種を加工して財やサービスを生み出す源であるという工業的な発想から捉えるだけでなく、それぞれの地域にあった作り手の多様な想いに裏づけされた多面的な価値のもとで保全・利用されている事例も無数にある。だが、利益配分のための各国内における種苗法、育成者権保護の整備は、おもに大規模な商業的農業の発展や大手種苗・バイオテクノロジー関連企業を念頭においている。小規模に作付けされ、使用される種子量の限られた品種を農家が自由に使うことの大切さについては、十分に認識されていない可能性が高い。今後、食料・農業からみた持続可能な社会の形成のためには、多様な遺伝資源の利用と種子生産・配布システムの存続が不可欠と考えられる。

　これまでの研究で明らかになった興味深い事実がある。それは、農民が作物

の収量増加や経済的収益性を第一に品種の選択を行っているわけではなく、リスク回避や食味の嗜好性・文化的な価値までを含めて、栽培を継続しているという事実である。市場性の高い一代雑種の品種導入と、地域で伝統的に作られ続けてきた在来品種の活用が並存する例も多い。

　しかし、こうした事実を農民が持続的に地域経済社会の発展に活用するための、農業の生物多様性を管理する組織制度については、十分な知見は得られていない。生物多様性は、その保全が目的なのではない。地域住民の生活の質の向上に資するように利用されることが重要であり、そのための組織制度の構築が持続可能な開発には不可欠である。

　従来からの生物多様性管理に関する研究は、生物学的なものか経済学的なものに集中してきた。作物品種の多様性を材料にして、高収量や耐病性などの経済的価値を育種という作業を通じて取り出すという考え方が、作物品種を資源と理解する背景にある。自然科学者も経済学者も、遺伝資源の価値をこの将来利用される可能性のあるオプション（選択）価値で捉える場合が多い。たしかに医薬品などでの利用を考えると、現在は効能が不明の物質も多く、選択価値が非常に大きいことは間違いない。だが、多くの農家が日々利用している遺伝資源の直接利用価値が、作物を育てる農民だけでなく、作物を食料として日常的に消費する一般市民にも把握されることによって、遺伝資源がより持続的に管理される可能性があると考えられる。

3　本書の視点と枠組み

　本書では、地域資源である農業生物多様性を地域開発の重要な要素と捉える。そして、地域が住民（農民）の主体性を第一として持続的に発展するための組織制度構築を、地域内のアクター分析のみにとどまらずに、①国際条約の枠組みや国際NGOのアプローチまでを含めた多様な研究対象を視野に入れるとともに、②研究体制として生物学・育種学・農学・開発行政学・倫理学・環境経済学という学際的チームで取り組もうとした。

　また、農業生物多様性を地域開発に利用するには、ミクロレベルの制度の構築のみならず、グローバル・ナショナル・リージョナルおよびコミュニティという多層なレベルの組織制度の関与が必要であることの実証を意図している。

そのために、生物多様性条約・食料農業植物遺伝資源国際条約の枠組みのもとで、国際援助機関が農民組織の強化を重視してきた背景やその後援助の重点がどのように変化したかを明らかにし、マクロからミクロにわたる組織制度の現状の把握を行った。これらを通じて、農業生物多様性の管理と地域開発の組織制度との融合が可能になる。とくに、気候変動の影響で不安定な農業生産を余儀なくされているアフリカや、急激な高齢化と過疎に見舞われて農村の維持・農業の継続が困難になっている日本の農山村地域において、農業生物多様性が地域の持続可能な発展を支える重要な資源として利用される知見を提供したい。

　作物の遺伝資源を誰が、どこで、どのように保全するかについては、農業のための生物多様性の価値づけの仕方や、利用する立場によって、大きく異なる考え方が存在する。

　品種改良された新しい品種の導入によって、農家の圃場から消失していく多様性をどこで保存するのかは、長く議論されてきた。遺伝資源をその植物が本来生育している場所以外で保存することを「生息域外保全」、本来の生育地で保存することを「生息域内保全」と呼ぶ。効果的かつ包括的な遺伝資源の保全のためには、双方の手段の組み合わせが重要となる。

　多くの場合、単純には生息地保全が農民のアクセスには便利だが、科学技術を利用した生息域外保全が信頼性や効率性の面から推奨されている。これに対して、近年は、生息域外保全である研究所やジーンバンクの冷蔵庫の中だけではなく、実際に作物が作られているところで保全する「生息域内保全・圃場内保全」の重要性も指摘されるようになってきた。これは、地域開発における参加型開発の考え方の興隆とも整合している。持続可能な開発には、研究者や技術者による科学的知見と政府による関与だけではなく、地域の組織・制度・知識の活用と人びとの参加が必要であり、なかでも農業活動の場合は農家の参画が必要だと考えられる。

　将来的な利用である選択価値を意識した生息域外保全では、遺伝資源の利用はおもに、元来その遺伝資源があった地域の外で行われるわけだから、利益の分配システムは巨大でグローバルになる可能性が高い。一方、農家自身による現在の使用価値を意識した圃場内保全においては、利用と利益の分配は地域で実現可能である。

そのためには、ジーンバンクと農民自身による圃場内保全システムが同時に存在し、それらが互いに連携し、農家・農民が継続的に遺伝資源を利用することで財やサービスを取り出していく、多様かつ多層性をもつシステムの発展が期待される。

　生物多様性の生息域内管理については、従来は地域内のアクターに注目されてきた。本書では、域内外の多様なアクターの関与を視野に入れることによって、農業における生物多様性保全が地域開発のための新しい資源として利用される管理システムの構築につながると考えている。

　育種素材としての利用のみが大きな目的とされてきた従来の農業生物多様性保全の視点では、農民が遺伝資源事業へ参画する機会は少なかった。また、政策的にコミュニティ組織に押しつけられた農業生物多様性保全は、コミュニティの農業の近代化を阻害し、社会的・経済的停滞をもたらし、政策的に受け入れられないケースも多かった。農民自身による遺伝資源の保全・管理への参画が地域の発展のためであるのか、地球規模の公共的な生物多様性の保全のためであるのかは意見が分かれるとみられるが、まず地域の利益を優先するべきであるというのが本書の著者の多くの考えである。

　FAOが1996年に発表した「食料農業遺伝資源の保全と持続可能な利用に関する世界行動計画（Global Plan of Action: GPA）」においても、作物の多様性の現地管理と開発に関して農民がより積極的に参画することによって、植物遺伝資源が多くの農民の手に渡るとともに、農業開発が促進されることが認識されている。さらに、通常の種子流通や農家による自家採種のシステムを乱さない範囲において、農民による実験や研究を奨励するための種子や植え付け材料の配布をジーンバンクなどの機関に促している。これは、インフォーマルな伝統的システムとジーンバンクのような近代的組織制度を結ぼうとする戦略である。

　本書では、農業における生物多様性を地域開発の資源として持続的に利用できる組織制度の確立に必要な基礎的知見を提供し、そのための国際技術協力を中心とした外部者の介入手法が提示できると考えている。こうしたアプローチは、とくに気候変動にさらされているアフリカの条件不利地における農業・農村開発の画期的な戦略開発につながり、かつ生物多様性の保全にも資する。農民による遺伝資源の利用を第一として、それを国際組織・国家・地域機関が協働して支援していくシステムを地域に確立できれば、地域における遺伝資源の

持続的利用が促進され、生物多様性条約が目標として掲げる新たな遺伝資源利用と公正な利益配分方式を構築する可能性が生まれる。

また本書では、途上国における具体的な事例をとおして、組織制度、とくに農民組織の活動や機能を描写するとともに、援助機関を含むグローバル・ナショナル・リージョナルな組織制度と関係も明らかにしようとした。現地におけるミクロレベルの調査では、先進国・途上国の双方からケースを抽出し、地域で、農業の生物多様性の管理に中心的役割を果たす住民や農家自身の意識を含めた活動・運動・組織と、フォーマルな組織である行政や企業・研究機関の農業生物多様性管理への関与の実態を示している。

そして、調査結果をもとに、これら関係者間の協働関係・軋轢および管理に必要な投入の分担状況、便益の配分状況にも言及するように努めた。さらに、これらの研究調査から得られた知見をもとに、さまざまなステークホルダー(利害関係者)が、地域における農業に利用される生物多様性管理にどのように関与しているか、どのようなシステムが現時点で存在し、今後発展していくべ

図序-1　研究組織と主要な分担者・分担内容

```
          西川芳昭(名古屋大学大学院国際開発研究科)
          総括:ミクロ(地域)内の制度構築の分析
```

渡邉和男・松井健一(筑波大学生命環境科学研究科) グローバルな利益配分と地域組織分析・倫理	根本和洋(信州大学農学研究科) 冨吉満之(京都大学大学院地球環境学堂) 日本における種苗会社・各組織の役割
西村美彦・藤川清史(名古屋大学大学院国際開発研究科) 低利用植物の事例・環境経済面の評価	香坂玲(名古屋市立大学経済学部) 生物多様性条約からみた組織制度分析
槇原大悟(名古屋大学農学国際教育協力研究センター) 稲葉久之(南山大学大学院生) 永井美智子(名古屋大学大学院生) アフリカにおけるアクションリサーチ	森元泰行(Bioverstity International研究員) BioVersityにおける研究・ケニアの事例と開発の連携
協力NGO・研究機関など USC-CANADA(カナダ)・EOSA(エチオピア)・Li-BIRD(ネパール)・メノナイト大学(カナダ)	福田聖子・鄭せいよう(名古屋大学大学院生) エチオピアおよびネパールの事例調査・事務局

きか提言を試みている。研究組織を図序-1に示す。研究過程で若干のメンバーの入れ替わりや個別テーマの修正が行われたが、概ね当初の問題意識・目的に従った研究成果が報告された。

4　本書の構成

　第Ⅰ部は、農業生物多様性管理のローカルな仕組みと知恵およびそれらを支える制度について議論している。

　第1章は、日本のタネ屋さんについての報告である。急速に減少しつつも、日本各地に野菜類を中心とした地方在来品種が残っている。古来より、農作物の種子は基本的に農家自身が自家採種して得ていた。しかし、栽培規模の減少や栽培者の高齢化によってその作業は困難になってきている。品質のよいさまざまな改良品種の種子がホームセンターやJA、最近ではインターネットなどで気軽に手に入るようになった。だが、そこでは、地方在来品種はほとんど売られていない。

　では、農業生物多様性の一翼を担うそれらの品種のタネは、「誰が」「どこで」「どのように」「どれくらいの規模」で採種しているのだろうか。実は、かつてどこにでもあった街のタネ屋さんが地道にこれらの品種を守っていることは、あまり知られていない。その役割と重要性について、長野県の事例を通じて考えた。

　第2章は、作物遺伝資源としての種子を守る日本各地の組織についての調査分析である。具体的には、全国、県、地域をそれぞれ活動範囲とする3つのNPOと県レベルのジーンバンクを運営する財団法人1団体に対して、聴き取り調査を実施し、各団体の特徴を比較している。

　その結果、全国規模の団体は各地に支部をもち、種苗ネットワークによる種苗交換を展開していること、県レベルの団体は任意団体の形で参加者のゆるやかなネットワークを形成し、生産者の支援を重視して、順調に会員数を伸ばしていることが、それぞれ明らかになった。地域レベルの団体は、集落営農組織、農家レストランとの協働により、農業の6次産業化を実現し、栽培・保全・利用のサイクルを確立していた。財団法人は約1万8000点の種苗を管理するなど、最先端の組織・制度を体現していたが、公益法人制度改革の影響を

強く受けていた。これらの多様な市民が関わる組織のあり方は、ミクロレベルとマクロレベルとをつなぐ組織制度の構築に示唆を与えるであろう。

　第3章では、ケニアにおけるひょうたん保全運動の試みを紹介する。ケニア東部州、首都ナイロビから車で約3時間のキツイ県最大のキツイ町の郊外に、小さなひょうたん博物館がある。外見は農家の納屋という印象だが、中にはチャニカ女性グループ（Kyanika Adult Women Group: KAWG）という地域レベルの農村女性団体がケニア全土から集めたさまざまな種類のひょうたんがところ狭しと、貯蔵・展示されている。

　この博物館は、女性メンバーの内発的な自主性を重んじ、2001年から2年間、バイオバーシティ・インターナショナル（旧国際植物遺伝資源研究所）とケニア国立博物館による支援をうけて、完成した。ひょうたん種子の保存、配布、圃場栽培による種子の更新、増殖、利用や加工にまつわる伝統知を紹介する場である。また、近隣農村女性団体の活動の拠点としても重要な機能を果たし、農村女性の教育、ひょうたん民芸品、Tシャツの販売、樹木の種苗販売などを行っている。

　第4章は、途上国農業に関する研究者や開発援助に関わる外部の人間が考える品種の評価と、現地の農家が考える多様な品種評価基準の接点を探る試みについての分析である。農民の意思を反映させようと意図する農民参加型手法においても多くの場合、外部からの改良品種の導入を前提として外部関与者により農民の参加が促進されている。こうしたアプローチでは、地域に存在する多様な在来品種を維持管理してきた農民の知恵や社会的メカニズムという社会的能力の構成要素と考えられる資源を外部者が十分に把握するのは困難である。

　そこで、ソルガム、トウジンビエ、ササゲの在来品種が多く栽培され、かつ近年種子法が制定され、改良品種種子の普及に取り組んでいるブルキナファソを対象に、現地の農業および作物品種の選択基準と品種選択の実態に関する調査を実施した。その選択基準と選択状況を明らかにするとともに、ブルキナファソの農業の特徴と農民の作物品種選択との関連性を分析し、品種育成普及活動の課題を考察している。

　第5章は、カナダについての報告である。河川や湖水などの水資源は生物多様性の維持にとって重要であるが、こうした水資源への水利権や配分を管轄するカナダ各州の現行法は、灌漑農業や水力発電など経済開発を推進する目的が

主である。したがって、生物多様性の維持やそれに有益とされる伝統知の研究推進にとっていくつかの障害となる問題点をかかえている。また、北西準州など先住民族が多い場所においては、連邦政府と先住民族が独自の合意事項によって、先住民族の伝統的知識を考慮した開発計画をたてることが政策として明文化されているが、こうした新たな試みにもいくつかの問題点がある。

　そこで、これらの問題点をまず明確にし、今後カナダにおける生物多様性の維持や伝統知研究の推進に水利法やその関連法、政策の整備がどのように貢献できるかを検討した。そして、生物多様性条約第8条(j)が謳う先住民の伝統的知識の役割から考察を加え、法整備にとどまらず倫理基準の整備への提案を行っている。

　第6章では、ニューギニア島を原産地とし、大洋州諸島やインドネシア、マレーシア、フィリピン・ミンダナオ島の人びとの生活に多様に利用されているサゴヤシについて、技術利用の変遷や地理的な広がりを議論した。ヤシ類は典型的な熱帯の植物で、多様な生態型を有しており、種類も多い。また、現地の人びとによる利用も多様で、生活に密着した存在である。

　サゴヤシは幹内に澱粉を貯蔵するユニークな植物であり、なかでもその利用の多様性と同時に、澱粉を抽出する技術について地域的な相違がある。東南アジアにおけるサゴヤシの持続的利用について、澱粉抽出技術の変遷と品種の分布の関連から共通性を検討し、農業の改善に外部者が介入する際に留意するべき在地の農業技術についての示唆をまとめた。

　第Ⅱ部は、農業生物多様性管理の国際的制度と利益配分の枠組みについて議論したうえで、そのようなグローバルな仕組みと、第Ⅰ部で紹介したローカルな事例はつながるのか、つながるとしたらどのようにしてか、という疑問に応えようとする試みである。

　導入の第7章では、国際的な枠組みを理解する基礎的知識として、生態系から生み出される財やサービスのもつ価値について議論した。経済学では、市場で取引される価格を、モノの相対的な価値指標にする。たとえばある社会で、大学教員の賃金が下がり、電力会社職員の賃金が上がったとすれば、それは大学教員の価値が相対的に低下したことの反映である。しかし、世の中には、市場が存在しないために価値づけされてこなかった財やサービスがある。生態系から得られる便益がその典型例である。われわれが自然の恵みを受けているこ

とに議論の余地はないが、その価値を評価するのはむずかしい。だから経済学は、こうしたモノにも価値づけを行おうとしている。

続く第8章では、エチオピアにおける多様な種子を届ける仕組みについて、村のシードバンクと海外の援助機関などのつながりに関する詳細な現地調査に基づく知見を提供した。アフリカ農村部における農業生産性の向上と環境保全が両立する持続的な開発および農業開発は、国連が中心となっている途上国開発の国際約束であるミレニアム開発ゴール[8]の達成に必須である。

ここでは農業生物多様性のなかでもとくに作物遺伝資源に着目し、作物種子の管理に関して、国立ジーンバンクをはじめとして、国際NGO・現地NGOや民間企業など、農家による種子生産に関与する多様な組織の果たす役割について分析している。なかでも、現地NGOのエチオピア有機種子行動(Ethiopia Organic Seed Action : EOSA)を事例に、アフリカにおける持続可能な農村開発の実現に在来農業技術・作物を資源として活用する取り組みを報告した。

コラムでは、生物多様性に関わる著名なアジアのNGOであるLocal Initiative for Biodiversity, Research and Development：LI-BIRD(生物多様性研究開発のための地域イニシアティブ(仮訳))の紹介を通じて、NGOと国家の研究機関が考える参加型育種に関する考え方の違いについて扱っている。

第9章はまとめにつなげる国際的枠組みを理解する章で、食料農業植物遺伝資源の保全と国際利用を俯瞰している。人類は、地域や大陸の間の移動を行うことによって多様な食料農業植物遺伝資源を世界中に交換・拡散し、利用し、改良してきた。これらによって、生存の担保、豊かな生活、そして文明の成熟が支援されていく。近代では、多様な食料農業植物遺伝資源は、プランテーションや大規模生産による産業化によってさらなる食料の保障と成長を支援してきた。一方で、人類共通の財産という観念から、1990年代以降に人類共通の関心資源として位置づけるパラダイムシフトが起こり、さまざまな場面でアクセスと利益配分の論争が起きている。

国家主権の尊重が強く主張される一方で、各国の末端でこれら食料農業植物遺伝資源を享受すべき自作農家がどれだけ日々の生活の向上に支援を受けられるのか。本来、種子が人類共有の遺産であったという相互扶助の精神および倫理的な観点を意識しつつ、グローバルかつローカルな事例を検討・分析した。

コラムでは、食料農業植物遺伝資源国際条約についての議論を紹介している。

結論としての終章は、これまでの議論をふまえた総括である。地域で農業における生物多様性を持続的に利用し、利益を配分している組織・制度の実態は多岐にわたる。ここでは、具体的な制度のモデルは提示しなかった。研究から得られた結論は、以下の３点にまとめられる。

　第一に、国際的枠組みの存在の重要性である。

　第二に、枠組みを利用した事業の実施や組織制度の整備における多様な関係者の参加の重要性である。

　そして第三に、地域や国境を越えて商業的に利用される遺伝資源から得られる利益の公正かつ衡平な配分と、地域内で利用される遺伝資源を得たり利用したりする人びとが認識する経済的・非経済的便益の持続的確保には多様な制度が地域の文脈のなかで構築されなければならない、ということである。

　実際に構築されている、または構築されようとしている制度の多様性には目を見張らされる。本書を通じて、農業生物多様性の管理における制度の多様性にもふれていただけると考える。

(1) NHK取材班(1982)『日本の条件７　食糧②一粒の種子が世界を変える』日本放送出版協会、24ページなど。なお、「種子(しゅし)」「種(たね)」「タネ」は基本的に同じものを指し、一般に高等植物の生物学的なサイクルの中でもっとも活性が低く、嵩が比較的小さいステージを表している。英語ではseedと表される。「種子」は、おもに自然科学分野や政策用語として使われる。しかし、農家は「種子」という言葉を使うことは少なく、自分たちが田畑に播く種を「タネ」と呼んでいる。本書でも、自然科学的要素が強い場合と、フォーマルな制度で種子の品質の管理を行うような文脈では「種子」という用語を用い、作物と文化の側面が強い文脈では「タネ」という言葉を用いている。「種(たね)」という言葉は、生物種というような意味で使われる「種(しゅ)」と紛らわしいので、文脈上必要な場合を除いて、本書では用いない。

(2) Food and Agriculture Organization of the United Nations(1996), *Report on the state of the world's plant genetic resources for food and agriculture*, FAO.

(3) 農民品種とも呼ばれる。農民品種とは、比較的狭い地域で農民によって伝統的・継続的に栽培されてきた、形態学的に識別可能な栽培植物の集団である。自家採種によって、個別の農家またはコミュニティに維持されている場合が多い。遺伝的には多様かつ動的である。近代品種が広い地域に適応し、均一かつ安定した条件下で最大の収量が得られるように育種されるのに対して、一般に農民品種の特徴は、特定地域の変化しやすい環境や病原体の両方と均衡状態に

あることにより、作期ごとの収量の大きな較差を回避できるように育種されていることである。「緑の革命」に代表される近代化のもとでの育種素材の供給源として重要であるのみならず、持続可能な開発の思想のもとでは農民の主体性を助長する重要な資源に位置づけられている(日本育種学会編(2005)『植物育種学辞典』培風館)。
(4) Brush, S. B. (1995), In situ conservation of landraces in centers of crop diversity, *Crop Science*, Vol. 35, pp. 346-354.
(5) 食料農業植物遺伝資源国際条約第9条には、農民の権利は次のように記述されている。
　1) 締約国は、世界のあらゆる地域における、地域社会及び原住民の社会並びに農民(特に起源及び作物多様性の中心地の農民)が世界中の食料及び農業生産の基礎を構成する植物遺伝資源の保全及び開発に対して、これまで果たしてきた及び今後も果たすであろう多大な貢献を認める。
　2) 締約国は、農民の権利が食料農業植物遺伝資源に関係することから、その実現の責務が各国政府にあることに同意する。農民の要求及び重要度に従い、各締約国は、国内法令に従い、かつ適当な場合には、次に掲げる農民の権利を保護及び促進するために措置を講じるものとする。
　　(a)食料農業植物遺伝資源に関連する伝統的知識の保護
　　(b)食料農業植物遺伝資源の利用から生じる利益の配分に衡平に参加する権利
　　(c)食料農業植物遺伝資源の保全及び持続可能な利用に関連する事項について国家水準の意思決定に参加する権利
　3) 本条のいずれの規定も、国内法令に従って、かつ適当な場合においてのものであって、農場が自ら保存した種子及び繁殖の材料を保存、利用、交換及び販売する一切の権利を制限すると解釈されないものとする。
(6) 生物多様性条約第8条(生息域内保全)は次のように規定している(関連部分のみ)。
　　締約国は、可能な限り、かつ、適当な場合には、次のことを行う。
　　(j)自国の国内法令に従い、生物の多様性の保全及び持続可能な利用に関連する伝統的な生活様式を有する原住民の社会及び地域社会の知識、工夫及び慣行を尊重し、保存し及び維持すること、そのような知識、工夫及び慣行を有する者の承認及び参加を得てそれらの一層広い適用を促進すること並びにそれらの利用がもたらす利益の衡平な配分を奨励すること。
　　なお、一般には「先住民」を使うが、ここでは現時点の日本政府(仮)訳にもとづき、「原住民」という言葉をそのまま使用している。
(7) たとえば世界銀行は、年次報告の『世界開発報告』2008年版で「農業」を特集したが、そのおもなテーマは途上国農民の世界市場への参加であり、農家の主体性についての議論はほとんどみられない。

(8) 2000 年 9 月にニューヨークで開催された国連ミレニアム・サミットで採択された、国際社会が合意している開発途上地域の開発目標。8つの目標からなり、極度の貧困と飢餓の撲滅、環境の持続可能性の確保などは、農業における生物多様性の管理に直接関係する。

＜参考文献＞
西川芳昭(2005)『作物遺伝資源の農民参加型管理―経済開発から人間開発へ―』農山漁村文化協会。

第1部
農業生物多様性管理の
ローカルな仕組みと
知恵を支える制度

ケニアで見られる多様なひょうたん。世界各地で在来種のもつ意味は大きい

第1章 種子を届ける「街のタネ屋さん」の役割

根本 和洋

1 自家採種の産物としての在来品種

　農作物のタネ[1]を採るという行為、すなわち「採種」という作業は、人類が長きにわたって行ってきた狩猟採集生活から農耕への移行を推し進める重要な要因の一つであった[2]。もちろん、タネを播くという行為である「播種」によって作物は育ち、収穫物を得られる。しかし、多くの農作物の場合、播種の前に採種があってはじめて、それが可能になるという認識は、案外高くないのではないだろうか。

　また、採種という行為は、作物に遺伝的改良を加えるための育種における基本的作業でもある。野生植物を栽培化する過程（ドメスティケーション）で、採種作業は単なる収穫作業の延長線上にあるものではなく、積極的で意識的な選抜行為の意味合いも含んでいる。

　植物の繁殖様式や遺伝学の詳しい知識がまだ乏しかった時代、採種を繰り返し行う行為は、栽培化を進めるために必要不可欠だった。農耕の初期段階では、多年性よりは一年性、他殖性よりは自殖性の繁殖様式をもつ植物が栽培化される傾向にあった。[3] その後、多年性の果樹類や、ダイコンやキャベツ、カブ、ハクサイなどのアブラナ科をはじめとする他殖性の野菜類も、時間をかけて次々と栽培化されていく。自然突然変異などによって生じたオフタイプ[4]は、栽培者によってめざとく見つけられ、有用な形質を次の世代へ残す努力がなされていった。人類はこのようにして身近にある有用な野生植物を長い時間をかけて栽培化し、農耕を営みながら生きるための糧を得てきたのである。

　このような営みの継続は、地域の農業生態系に適応した"品種"を作り出していった。それらの品種は、単に地域の環境に適応しているだけではない。形や色、草丈、脱粒性などの形態的形質はもとより、早晩性や味などの生理的形質などのさまざまな形質が採種の際に農家それぞれの眼や舌によって選抜され

ていった。その結果として、多様な地方在来品種が生み出されていく。このことは、継続した自家採種が繰り返し行われてはじめてなし得る。

現在、野菜類を中心に日本各地にいまなお残る地方在来品種は、地域で農家によって繰り返し継続されてきた自家採種の産物といっても過言ではない。周知のとおり、これらの地方在来品種は、高度経済成長期に入って急速に数を減らし、消えていった。この原因について芦沢正和は、戦時下の経済統制の強化とともに、収量の多い品種のみが取り上げられて野菜の品種・系統の崩壊が始まり、各地の篤農家を核として栽培されていた地域独特の品種が衰退していったと指摘する[5]。

農家自身の自家採種によって維持されてきた地方在来品種の多くは、栽培規模の減少や栽培者の高齢化、後継者不足によって、その作業の継続が困難になってきている。一方で、品質のよいさまざまな改良品種のタネがホームセンターやJA、最近ではインターネットなどで気軽に手に入るようになった。私たちはその便利さの恩恵を受けていることを忘れてはならないが、そこには地方在来品種のタネはほとんど売られていない。

では、農業生物多様性の一翼を担う地方在来品種のタネは、「誰が」「どこで」「どのように」「どれくらいの規模」で採種しているのだろうか。農家自身による自家採種が困難になってきている現在、これからの地方在来品種を保全していくために、将来タネはどのような形態で生産されていけばよいのだろうか。

かつてどこにでもあった「街のタネ屋さん」、つまり地域の中小規模の種苗店が地道にこれらの品種を守っていることは、実はあまり知られていない。本章ではまず、地方在来品種の採種がどのようにして行われているかを長野県の事例について紹介する。次に、同じく長野県内の街のタネ屋さんのエピソードを紹介し、その役割と重要性について考えていく。

2 誰がタネを採っているのか？

現在の地方在来品種のおかれている状況をどのように判断すべきなのだろうか。すでに消えてしまった品種も多い。また、いつ消えてなくなってもおかしくない状況にある品種も多いだろう。その一方で、地方在来品種の見直しが図られ、地域振興の旗印として復活し、勢いを取り戻したものも数多くある。

では、品種がなくなるとは、いったいどういうことなのだろうか。栽培・利用する人がいなくなるというのが一番わかりやすいが、本当の意味での品種の消滅は、その品種の「タネ」がなくなることだろう。栽培する人がいたとしても、タネがなくては始まらない。こうした観点から、地方在来品種がどのように採種されているかを明らかにし、それらのおかれている状況について考えてみたい。

　ここでは、筆者がこれまでに長野県内で行ってきた現地調査結果のまとめを中心に、文献情報を加えて紹介する。

1）いまなお数多く残る長野県の地方在来品種

　全国第4位の面積を有する長野県は、海をもたない内陸県である。北・中央・南と3つのアルプスと浅間山に囲まれるようにして、長野盆地、松本盆地、佐久盆地、そして伊那谷、木曽谷がある。人びとの生活の場の多くはいわゆる中山間地であり、アブラナ科のダイコンやカブ・ツケナ類を中心に、いまなお数多くの地方在来品種が存在する。標高差を伴った山深く複雑な地理的条件は、豊かな伝統的食文化と強く結びついた特色ある地方在来品種の維持・存続を後押ししてきた。

　大井美知男[6]は、日本のほぼ中央に位置する長野県が、室町時代以降、とくに江戸時代において東西文化の融合地となったとし、当時の野菜品種の伝播移入の盛況ぶりを裏付ける資料として、享保20(1735)年から元文4(1739)年にかけてまとめられた「諸国産物帳」をあげている。そこには、信濃、木曽、高遠（たかとお）を合わせると菜類だけで諸国中最多の146品種が記録されているという。

　また、カブ・ツケナ類の種皮構造の違いから分類されるA型・B型の2つのタイプ[7]とその地理的分布のデータも、長野県が東西文化の融合であり、多様な品種が存在していることを支持している。すなわち、長野県には東日本文化の品種に多く見られるB型と西日本文化の東端の品種に多く見られるAB混在型の双方が現存しており、東日本文化圏の西端に位置しながら、西日本文化の影響も強く受けていることがうかがえる。

　長野県は2007年から、このように東西の文化的影響を受けて信州の豊かな自然に育まれてきた地方在来品種に対して、「信州伝統野菜認定制度」による認定を始めた。2012年1月現在、59品種が認定を受けている。中心は野菜類

表 1-1　信州伝統野菜に認定された地方在来品種（2011 年 5 月現在）

品目	品種数	品種名
ツケナ	7	源助蕪菜（飯田かぶ菜）、飯田冬菜、稲核菜、木曽菜、諏訪紅蕪、野沢菜、羽広菜
カブ	8	赤根大根（清内路蕪）、芦島蕪、王滝蕪、開田蕪、細島蕪、保平蕪、三岳黒瀬蕪、吉野蕪
ダイコン	11	上野大根、親田辛味大根、切葉松本地大根、たたら大根、戸隠大根（戸隠おろし）、ねずみ大根、灰原辛味大根、前坂大根、牧大根、山口大根、上平大根
カボチャ	1	清内路かぼちゃ
キュウリ	8	開田きゅうり、伍三郎うり、鈴ヶ沢うり、清内路きゅうり、中根うり、八町きゅうり、羽淵キウリ、番所きゅうり
ウリ	3	沼目越瓜、本しま瓜、松本越瓜
ナス	3	小布施丸なす、鈴ヶ沢ナス、ていざなす
ピーマン・トウガラシ	3	そら南蛮、ひしの南蛮、ぼたんこしょう（ぼたごしょう）
ネギ	2	千代ねぎ、松本一本ねぎ
ゴボウ	2	常磐牛蒡、村山早生牛蒡
サトイモ	2	あかたつ（唐芋）、坂井芋
ワサビ	1	穂高山葵（安曇野わさび）
トウモロコシ	1	もちもろこし
バレイショ	5	くだりさわ、下栗芋（下栗二度芋）、清内路黄いも、平谷いも、むらさきいも
インゲン	1	穂高いんげん
イチゴ	1	御牧いちご

で、種類は多岐にわたる（表 1-1）。また、このうち一定の基準を満たしている品種については、「信州の食文化を支える行事食・郷土食が伝承されてきた地域」を「伝統地栽培野菜」として認定し、継続的な生産体制を支援している。認定を受けたのは、2012 年 1 月現在、35 種類、33 生産グループである。

2）長野県地方在来品種の採種の現状

16 作物の 36 地方在来品種（ツケナ 7、カブ 8、ダイコン 6、カボチャ 1、キュウリ 2、ナス 1、ピーマン・トウガラシ 1、ネギ 1、ゴボウ 1、ワサビ 1、バレイショ 2、インゲン 1、ニンジン 1、イネ 1、ダイズ 1、ソバ 1）について、その採種形態につ

いて調査した時点での結果を以下に紹介する[8]。このなかには、信州伝統野菜に認定されていない小野子ニンジン、奈川在来(ソバ)、白毛もち(イネ)、中尾早生(ダイズ)が含まれている。なお、自家採種者の正確な数の把握は困難であること、採種の形態は短期間のうちに劇的に変化する場合があることを、含みおきいただきたい。また、長野県では、地方品種(おもにダイコンとカブ・ツケナ類)のF_1化も積極的に進められてきたが、本章ではふれない[9]。

調査の結果、地方在来品種の採種形態は、次の5つに大別できた。すなわち、①農家自身、②生産組合、採種組合、③種苗店、④長野県原種センター(自治体レベル)、⑤複数の形態の組み合わせである。

①農家自身による自家採種

純粋に農家自身による自家採種のみの品種は少ない。生産組合や生産グループ内で採種を行うか、その地方在来品種のある地域の種苗会社が採種・販売を行うケースが多い。農家自身のみで採種が行われているケースでは、種苗店でタネが売られていないので、自身で採ったタネだけが頼りとなる。保平蕪(64戸)、赤根大根(29戸)、細島蕪(15戸)、吉野蕪(5戸)、ていざなす(1戸)、清内路かぼちゃ、清内路きゅうり、清内路黄いも、下栗芋などがこのケースになる(カッコ内は自家採種している農家戸数を示す)。

自家採種者のほとんどは、自家消費用に少量のタネを生産する。たいていは多めに採種する人がいて、その品種が栽培されている地域で自家採種していない人に譲渡もしくは販売している。自家採種者の数(戸数)は品種によってさまざまで、1～64戸だった。

自家採種の現況について詳細な調査を行った赤根大根(清内路蕪)について詳しく見てみよう(写真1-1)。赤根大根は、下伊那郡阿智村清内路に伝わる在来カブ品種である。大根のように細長い形状とペラルゴニジン系アントシアニン色素によって濃紅色を呈しているため、地域外では赤根大根という呼び名が定着している。実際の栽培者は「赤根」と呼び、古漬けと呼ばれる漬け物にして食べるのが一般的である。収穫後の10月下

写真1-1　収穫された赤根大根

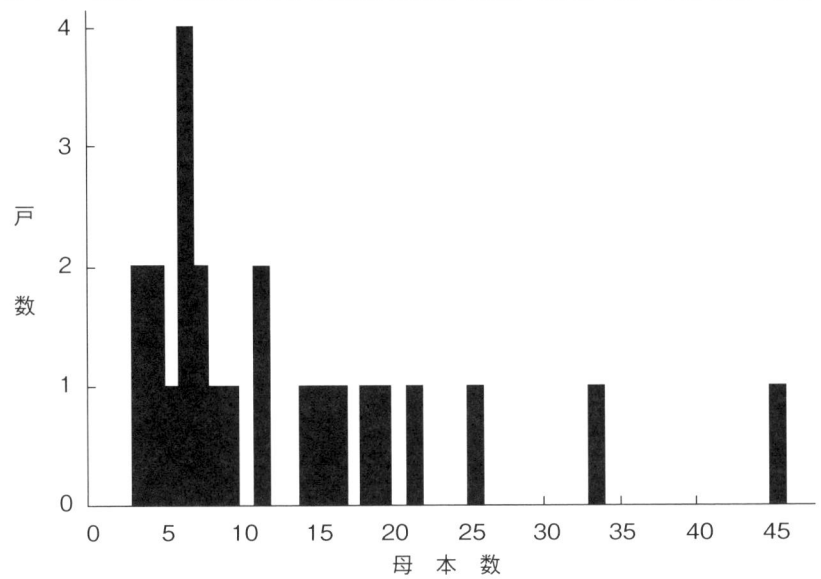

図 1-1　2007 年調査時における赤根大根（清内路蕪）の採種に用いる母本数の分布

旬から、塩と少量のトウガラシ、柿の皮などを加えて漬け込みが始まる。食べ始めるのは翌年 3 月を過ぎてからで、お盆過ぎくらいまで食べ続ける。硬く引き締まった肉質で、長期間漬け込まれることによって少しずつ乳酸発酵が進み、食べごろには複雑で芳醇な味となる。

2007〜09 年までの 3 カ年間、自家採種に関する調査を行ったところ、赤根大根の自家採種は、年によって多少異なるが、29 戸の農家によって行われていた。採種者の年齢は 57〜89 歳、平均年齢は 75 歳である。2008 年調査時には 65 個体から採種を行う人が一人いたが、8 割以上が 20 個体以下、その半数は 5 個体前後からと、ほとんどは小規模の採種である（図 1-1）。実際、こうした個体数でも自家消費分のタネは十分まかなえていた。

カブの場合、採種用の個体、すなわち母本は、収穫後に個人個人の好みの形や色で選んだ後、初冬に採種圃に植え替えられ、越冬後の 5 月に花を咲かせてタネを得る。そのため、採種者の好みがそのままカブの形になって現れるので、同じ赤根大根であっても、一つの品種の中に「長形」「短形」「牛角」の 3 つの系統群が存在する。こうした品種内の形態的変異も、継続した自家採種ならではの賜物である。

採種者は、他の採種者の個体と交雑しないように地理的および物理的な隔離を行う（写真1-2）。それでも、春先に食べるアブラナ科で同じ種の冬菜と交雑してしまう場合がある。また、少ない母本数で交配を続けたために生じたと考えられる近親交配によって形質の弱い個体が増加する近交弱勢が見られる系統も、調査で見つかった。

写真1-2　清内路の平瀬集落における赤根大根の採種圃

　この品種の問題点は、採種者の高齢化と後継者難につきる。それは、赤根大根にとどまらず、自家採種が行われている地方品種すべてに共通する問題と言える。

　②生産組合、採種組合による採種

　この形態で採種されている品種は、自家消費というより、市場出荷を目的として栽培されている。もともとは自家消費レベルでの利用と考えられるが、品種が地域内外で評価され、食べられるようになると、出荷のための栽培が始まる。そして、生産グループや生産組合をつくって、よりよい品質のタネを得るために採種を管理するケースが増えてくる。さらにその形態が進むと、沼目越瓜や松本一本ねぎのように採種組合ができて、県内外へタネを供給するようになる。

　しかし、自家採種の例と同様に、規模の縮小や高齢化によって、どの生産グループや生産組合も困難な状況に陥っていた。多くの場合、そうした品種の採種は種苗会社によっても行われているため、状況は年ごとに悪化していると言える。

　③種苗店による採種

　ここで言う種苗店は、大手企業ではなく、地域ごとにある種苗店、「街のタネ屋さん」を指す。野沢菜のように全国的に知られている品種は別格として、

ほとんどすべての地方在来品種のタネのマーケットは非常に小さいので、大手種苗会社からは見向きもされない。種苗店で採種・販売されている地方在来品種は、調査した36品種中、4分の3の27品種におよぶ。この数を多いと見るのか、少ないと見るのか。いずれにしても、多くの地方在来品種のタネが種苗店によって供給されている。

冒頭でふれたように今日では、大手種苗店で育種された改良品種のタネが、種苗店のみならずホームセンターや直売所、インターネットで入手可能である。この状況を考えると、自家採種によって各地域に受け継がれてきた地方在来品種のタネを種苗店から購入する時代になりつつあるのも、不思議ではないのかもしれない。だが、種苗店による採種・販売にはさまざまな問題がある。

種苗店による採種は、種苗店自らが行うのではなく、契約した採種農家に委託する。長野県は、比較的年間降水量が少なく冷涼で、他の品種との交雑を避けるための農地を多く有するので、後述するように昔から野菜類を中心にタネの生産が盛んだった。しかし、委託農家の高齢化と、家庭菜園を楽しむ人が増えたため、採種を行う「作場」の確保が困難になってきた。また、必要なタネ量が少量であるにもかかわらず、他品種との交雑に気を配ったり、母本の選抜をしたりと、神経を使う作業が多い。

さらに、タネが売れなければ、それはすなわち経営に直接影響するので、経営に見合う利益が得られないようであれば、その品種の採種継続が困難になる。地方在来品種のタネ販売から得られる利益は非常に少ないと考えられるから、種苗店はどこかのタイミングで、採種を継続していくかどうかの判断に迫られるときが来ることになるだろう。種苗店によって優良なタネが得られる反面、利益に見合わない品種は切り捨てられてしまうというリスクと背中合わせの状態なのである。実際のところ、地域に愛された品種を絶やしてはいけないと、こだわりや責任感から採種を続けている場合がほとんどである。

④長野県原種センターによる採種

長野県の外郭団体として設立された社団法人で、県内の作物遺伝資源の保存と県が育成した品種の原種生産がおもな役割である。わずかとはいえ、地方在来品種の採種も行っている。採種は採種組合組織や農協、個人を含めた11の団体に業務委託し、品種は、ねずみ大根や戸隠大根、穂高山葵などである。原種センターでの採種には、安定した生産と採種を失敗するリスクが少ないとい

うメリットがあるが、採種栽培農家の減少傾向が続き、外的支援や新規参入者の確保、採種技術の向上と伝承が課題となっている[10]。

3　地方在来品種の行方を占う街のタネ屋さん

　種苗店による地方在来品種の採種・販売は、さまざまである。地域の品種を次の世代に残していくための採種の継続方法は、それぞれの種苗店のおかれた事情によって異なる。ここでは、タイプの異なる4つの種苗店の事例を紹介する。

1）意地の採種で「源助蕪菜」を守る近藤種苗店

　野沢菜といえば全国に知られた長野県のカブ・ツケナ品種だが、「源助蕪菜」という地方品種が同じ県内でひっそりと栽培されている。1934（昭和9）年に創業した近藤種苗店のある南部の飯田・下伊那地方では、野沢菜ではなく、源助蕪菜の葉がいまも多くの家庭で漬けられ、食べられている。野沢菜は葉柄可食部の副葉部分が少なく、おもに葉柄部分を食べる。それに対して源助蕪菜は、副葉が葉の付け根近くまで広がっている。葉はやや硬めで、アクも多少あるが、霜にあたるごとに甘味が増し、漬け物は野沢菜よりも味があって美味しいと、源助蕪菜の特性を誰よりもよく知る二代目・近藤博昭さんは教えてくれた。事実、生の葉を食べ比べると、たしかに源助蕪菜のほうが甘味がある。そのタネはいま、博昭さんによって頑固に守られている（写真1-3）。

　源助蕪菜は、初代店主の近藤秀雄さんが丁稚奉公に出た愛知県稲沢市にあった井上源助採種場（源助商店）で育成された品種で、昭和初期に上・下伊那地方に普及した。生みの親

写真1-3　店内で接客する近藤博昭さん（右）

である井上源助氏や二代目の井上市太郎氏は、タネ業者として愛知県近辺をまわるとともに、飯田・下伊那地方へも定期的に行商して、源助蕪菜のタネを売っていたという。昭和初期から20年代にかけて、南信地域でのツケナ栽培は、羽広蕪（はびろかぶ）、諏訪紅蕪（すわべにかぶ）、野沢菜が中心だった。源助蕪菜は、諏訪紅蕪に対抗して売り込まれ、昭和30年代以降、主流の地位を占めていく。

　秀雄さんの独立後、採種とタネの販売は近藤種苗店に引き継がれ、野沢菜が全国的な普及を見せるなかで、いまもこの地域に愛され続けている。「源助商店がなくなってしまったいま、父の代から売ってきた源助蕪菜を私の代でなくすわけにはいかない」と語る博昭さん。その熱い想いが、源助蕪菜の品種存続を支えてきた。

　現在、採種は下伊那郡泰阜村（やすおか）の1軒の農家に委託している。近藤種苗店からは山間の道を車で1時間ほどの場所だ。葉が十分に展開したころ、近藤さんは1aほどの採種圃場へ足しげく通い、採種用の母本選抜に精を出す。これぞ「源助蕪菜」という個体以外は、丁寧に取り除いていく。

　厳密に少数の個体だけを残すようなキツい選抜を繰り返すと近交弱勢が出てしまうため、ちょうどいいバランスを保つのがむずかしいと、博昭さんは説明してくれた。過去には、同じく下伊那郡の豊丘村にある天竜川河川敷の畑でも採種していたが、その農家が高齢化もあって、辞めてしまったそうだ。近所にある種苗店から海外採種の話を持ちかけられたこともあるが、「目が届かない」という理由で断ったという。

　有機農家などの例外を除き、農産物を生産・出荷している農家のほぼ100％がタネを買うようになった昨今、小規模な市場ニーズしかもたない地方在来品種のタネは、大手種苗店では扱ってもらえない。したがって、近藤種苗店のような地方の良心的な種苗店によって維持され、守られているケースが少なくない。そこには、その品種に対する深い思い入れと、次世代へ引き継ぐ責任と意地がある。

　野沢菜は多収性で、漬け物としての加工適性に優れていたため、たちまち日本を代表する漬け菜へと成長していった。一方、源助蕪菜は、わずかだが葉の基部に紫色をしたアントシアニン色素を含むので、漬け物にした際、どうしてもその色素が漬け汁に移ってしまう。濁った漬け汁は見た目が悪くなるため消費者に敬遠され、漬け汁に濁りのない野沢菜のように加工・流通にうまくのら

なかった。生活様式が変化した現在、自分で漬け物を漬けない若い世代を中心に、飯田市周辺でも野沢菜を食べる人が多くなっている。

　それでも最近は、見た目だけではなく味も重視する消費者も増え、源助蕪菜の漬け物が見直され、下伊那地方の直売所などで見かけるようになった。博昭さんによると、茎よりも葉の好きな人はいまでも源助蕪菜を漬けて食べているそうだ。一般に売られている漬け物の多くは、化学調味料で味付けされているから、本来の味の比較は困難だが、家庭で漬けられている源助蕪菜のお葉漬けは、とても味わい深い。

2）後継者を得られなかった木曽の竹安商店

　木曽谷の中心地である木曽郡木曽福島町（現・木曽町）に、竹安商店という小さな店構えの種苗店がある。店を切り盛りしているのは1929（昭和4）年生まれの安井紀佐さんだ。竹安商店は明治の創業で、彼女で四代目。当初はタネに加えて、農機具や肥料も販売していた。ご主人とともに先代から店を引き継いだ東京オリンピックのころは食堂を兼ね、うどんや丼ものを提供していたという。ご主人が1990年に亡くなられた後、「泣き言を言うのが嫌いで、見栄っ張り」と語る紀佐さんは、今日まで人の手を借りずに一人で店を続けている。

　店内を見まわすと、扱っているタネの種類に目が釘付けになった。タネ袋がきれいに並べられた壁際の棚には、種苗メーカーのタネのほかに、紀佐さん自身が袋詰めした白いタネ袋が棚にいくつも並んでいるのだ。袋には、「王滝かぶら」「末川かぶら」「福島はとり菜（木曽菜）」「清内路かぶら」、そしてこの地域の農家によって民間育種された「地元産万郡菜（まんごおり）」など、カブ・ツケナ菜類の品種名と値段がゴム印で押されている（写真1-4）。タネの値段は、なんと20年間変わって

写真1-4　安井紀佐さんと地方在来品種のタネが並ぶ店内の様子

いないという。よく聞くと、王滝かぶらには「長」と「短」の２種類がある。タネ袋での区別は赤いマジックで点をつけただけだが、形別に買い求めるお客がいるのだという。なんというローカルな品ぞろえだろう。

　しかし、残念ながら竹安商店には後継ぎがいない。紀佐さんは、こう語る。「タネ屋の仕事は力が必要だし、体が丈夫でないとできないので、私ももう長くは続けられない。ズクのない人（面倒くさがりの人）にはできないし、これだけでは食べていけないから、若い人にはむずかしい」

　かつては各市町村にいくつもあったであろう小さな種苗店。そこでは竹安商店同様、大型店や量販店では決して扱えない何種類ものローカルなタネが売られていたことだろう。閉店とともになくなってしまった品種も、少なくないはずだ。

　お話をうかがっている最中に、お客さんが何人もやってきては、種苗メーカーのタネではなく、紀佐さんお手製のゴム印の押された白いタネ袋を何種類も買い求めていた。こういう貴重なタネを扱い、地域に親しまれている街のタネ屋さんを決してなくしてはいけない、という思いが強くこみ上げてくる。だが、もう時すでに遅しなのか……。少し感傷的になって、店を後にした。

3）どのようにして地方在来品種のタネはなくなっていくのか

　松本市に明治38（1905）年に創業した、創業100年を超える老舗の種苗店（株）ナカツタヤを訪ねて、社長の草間龍也さんから地方在来品種のタネ採りについて話をうかがったことがある。ナカツタヤは大正年代に入ってから、中蔦屋農園の称号で、種苗専門店として本格的に活動を始めた。愛知県や諏訪地方のタネの行商人が全国的に活躍しており、タネの良否が農家の所得に大きな影響を及ぼしていたころである。ナカツタヤは全国各地の種子生産地を訪ね、優良種子の確保に努め、地域へ「よいタネ」を供給してきた。

　現在のナカツタヤでは、地方在来品種を多くは扱っていないが、昔はいくつも販売していたという。松本地方では、とくにダイコンや漬け物用のウリに多くの品種があり、近所の採種農家へ委託して採ってもらっていた。しかし、改良品種の普及や食生活の変化にともなって、しだいに品種が少なくなっていく。野菜の大量生産・大量消費の時代が始まると、その流れに乗れない地方在来品種は取り残されたのである。結果として採種量が少なくなり、種苗店でも扱わ

れなくなり、消滅の道を歩むことになる。

　松本市周辺にはかつて小さな種苗店がたくさんあり、自分たちの品種をいくつももっていた。そうした店が経営不振で閉じる際、それらの品種の原種（元ダネ）を譲り受けることもあったという。だが、すでにニーズは少なく、店においてもほとんど売れなかった。結局、ナカツタヤもそれらのタネを持て余し、同じ松本市にある別の種苗店へ譲ったという。

　後日、その種苗店へ電話してお話をうかがった。たしかに、かつては松本地方で売られていた地方在来品種のタネを預かっていたが、需要がまったくなくなってしまっているので、いまは扱いようがないという。タネを更新して維持していくのも大変な作業なので、やっていないと話された。発芽能力をもつタネはもうなくなってしまったのだ。電話で話してくださった担当者は、筆者の問いかけに多少不機嫌な口調で、「商売は遊びでやっているんじゃないんだから、売れないタネの面倒をずっとみることなんてできない」と語った。

　たしかに、もう売れないからといって持ち込まれた地方在来品種のタネの責任を負わされるのは、いい迷惑だろう。ジーンバンクのようなところへタネを預けることができれば、よいのかもしれない。とはいえ、そのような品種に価値を見出す人は、一般的には多くはない。

　自家採種を続ける人がいなくなることによる品種の消滅とは別の形で、品種がなくなる現場をまさに見たような経験だった。

4）これからの採種のあり方を暗示する信州山峡採種場

　株式会社信州山峡採種場は長野市信州新町にあり、西山地区と呼ばれる山間の傾斜地に採種圃場をもつ。冷涼な気候で、年間降水量は1000ミリ程度、日照時間も多く、昔から大豆の産地として知られていた。複雑な地形と、畑地と集落が山峡に点在していることから、隔離を必要とする採種には好条件がそろっていたのである。創立20周年記念誌[11]には、1947（昭和22）年に、「戦後の著しい食糧難と疲弊しきった農村の再興をめざして、（中略）気象条件や土壌条件が採種に適していることに着目し」、17名の組合員のもと犀峡採種組合が結成された、と書かれている。

　1962年に長野県野菜採種指導センターに指定され、5haに及ぶ山間の採種圃場全域にわたり、灌漑設備や種子生産施設の整備を進めていく。そして、組

合員農家117名が出資して、1965年に採種農民による採種企業体である信州山峡採種場として新たなスタートを切った。現在のおもな採種品目は、キュウリ、カボチャ、メロン、ピーマン、ナス、レタス、キャベツ、ゴボウ、ダイコンなどほとんどの一般的野菜と、花卉である。採種品目の大半は種苗会社との委託契約で、長野県原種センターの採種委託も受けている。種子生産者とは毎年、品目ごとに、面積、生産量、価格について採種組合を通じて契約を結ぶ。

2004年からは、地方野菜や自家用野菜の100円種子の販売を始めた。品目には、野沢菜、ねずみ大根、灰原辛味大根(はいばらからみ)、雪菜(冬菜)、たたら辛味大根、松本一本太(松本一本ねぎ)、戸隠大根(戸隠大根)など、同社で生産された地方在来品種が並んでいる。

後述するオランダなどヨーロッパの地方在来品種のおかれた状況をみると、やや悲観的な見方ではあるが、日本の地方在来品種のタネが農家の自家採種によって維持されなくなった場合、最終的には、信州山峡採種場のような採種専門業者に種子生産が依託されることによってタネが確保され、品種が存続していくのではないだろうか。委託種子生産者への採種技術の指導体制が徹底しているので、利用者は安定して優良な種子を得られる。また、母本選抜の際に品種の栽培者によるチェックが実施されれば、品種のもつ形質も維持される。

前述の各採種形態が共通してもつ問題点を解決するためには、信州山峡採種場のような少量多品目の採種業者の存在は重要である。近い将来、地方在来品種を存続させていくうえで大きな役割を果たしていくだろう。

4 タネ屋の始まりと現在

タネがタネ屋で扱われるようになったのは、いつごろからなのだろうか。日本種苗協会の資料によると[12]、平安遷都(794年)が行われ、京都が政治・文化・経済の中心となり、人びとの往来が盛んになるにつれて、各地の特産野菜が京都へ入り、京都の野菜も地方へ運ばれるようになった。都に設けられた野菜市場に野菜のタネを販売する者が現れても不思議ではなく、各地から参詣に来た人びとがタネを持ち帰り、自家の畑で栽培するようになったのが、「タネ屋」の起源だろうとしている。

ここでのタネ屋は、農家にとって新しい品種を得るための貴重な存在であっ

たと思われる。長野県原種センターによると[13]、野沢菜の名前の由来となった下高井郡野沢温泉村にある健命寺の口伝えでは、宝暦年間(1751～1763年)に八世晃天園瑞和尚が京都遊学の折、関西近辺で栽培されていた「天王寺蕪」のタネを持ち帰って栽培したことが、野沢菜の始まりとされる[14]。

1）タネ屋はどのようにして生まれたか

新しい品種、多様な品種を提供する役割に加えて、タネ屋には優良なタネを提供するという大きな役割がある。

農家の自家採種だけでよいタネを得ることは、古来より決して楽ではなかったようだ。宮崎安貞が元禄9(1696)年に書いた農業指導書『農業全書』(木版本は1697年)には、「よい種子を採るための注意点が各所で述べられている」と青葉高[15]は記している。

「たとえば大根では根の形など形質の勝れている株から採種するとし、瓜類では本なりや末なりでない盛果期に、形、大きさの勝れた果実から採種するとしている。また萵苣(レタス)は開花期に梅雨にあうと黒変してよい種がとれないので、花茎を下に曲げておく」

また、『大和本』を著した本草学者の貝原益軒が宝永元(1704)年春にまとめた農書「菜譜」(木版本として刊行されたのは正徳4(1714)年)でも、「惣論(総論)」の冒頭に「凡 諸々のうえ物、先種をえらぶを第一とす、種あしければ、天の時、地の利、人の力、大半すたる」と、タネの重要性が説かれている。これらのことから、優良なタネの重要性は、江戸時代の農書に記述されるほどに認識されていることがわかり、農家の採種に対する苦労が読み取れる。

長野県は、昔からタネの行商が盛んであった。古くは寛永20(1643)年の代官所に申告した書き付けに、諏訪のタネ屋「島田屋」の行商人が榎本種苗店(現在の東京都豊島区西巣鴨)に仕入れにきた模様が記されている。馬12～13頭をひいてタネを仕入れ、道筋の種子問屋に卸したり、農家に販売して歩くなど、さながら富山の薬売りのように商われていたという。当時の農家にとっては、行商人を通じて得られるタネが、現在でいう新品種や優良品種と出会える数少ない機会であったにちがいない。

再び日本種苗協会の資料によれば、滝野川ゴボウや滝野川ニンジンなどの優れた特産野菜ができるようになると、明治中期から昭和初期まで豊島区巣鴨の

とげぬき地蔵から板橋区清水町に至る約6kmの旧中山道沿いに、多数のタネ問屋や小売店が立ち並び、「種屋街道」と呼ばれるようになったという。やがて、明治維新を迎え、日本の近代化とともに、日本の種苗産業は農家の副業の域を脱し、徐々に専業化されて発展していった。

2）消えていく街のタネ屋

戦後の混乱を経て、1947年に設立された「日本種苗産業会」（任意団体）がさまざまな事情から発展的に解消され、73年に現在の「社団法人日本種苗協会」が設立される。当時は、近代的な育種法によって育種された品種が全国に普及し、販売される時代に入っていた。

設立当時、全国の種苗業者は兼業を含めて約2〜3万人と推定されていた。そのうち、信頼できる専業の約1800人が日本種苗産業会に加盟し、設立後は急激に会員数が増えていく。その勢いは、高度経済成長の歴史と重なる。しかし一方では、野菜の地方在来品種が1965年ごろを境に次々と消えていく歴史でもあった。増加の一途をたどった会員数は、1980年の2437名をピークに、ゆっくりと減少を続けていき（図1-2）、2007年には1403人にまでに減っている。

最近の種苗店の減少は、種苗店同士の競争から合併や淘汰が行われた結果とも言える。かつては、やや大きな商店街にたいてい一軒はあったが、種苗の種

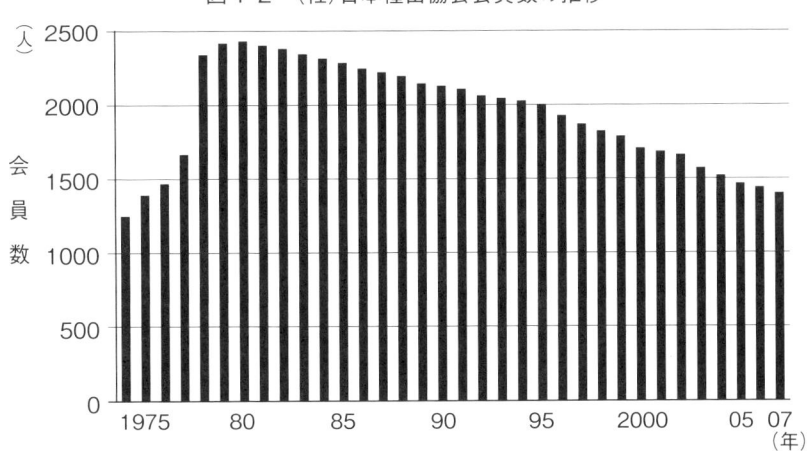

図1-2　（社）日本種苗協会会員数の推移

図1-3　長野県における日本種苗協会会員数の推移

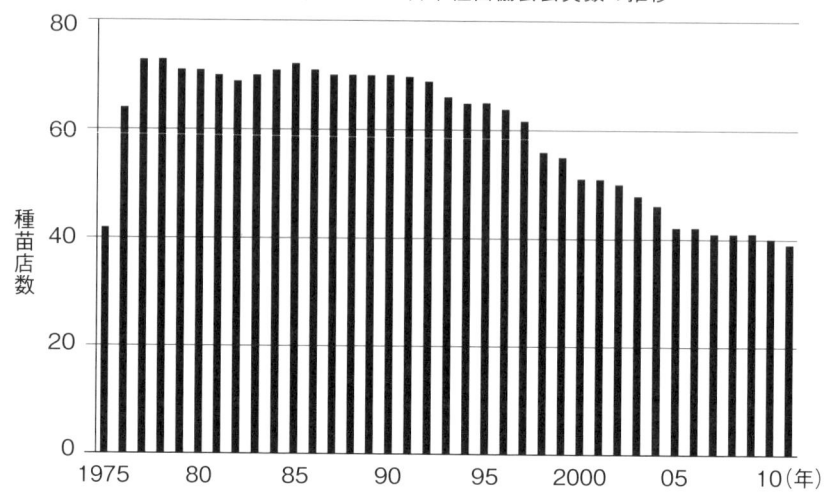

類の多様化と購入のアクセスが容易になる一方で、「街のタネ屋さん」は姿を消しつつある。そういえば見かけなくなったと感じる人も多いだろう。

　では、長野県の種苗店数は近年どのように推移しているのだろう。長野県内の日本種苗協会会員数は、統計をとりはじめた1975年には42軒だったが、2年後の77年にはピークの73軒になった（図1-3）。その後、1991年まではほぼ横ばいの70軒程度であったが、それ以降に少しずつ減少しはじめる。2011年3月には、39軒にまで減ってしまった。この傾向は、全国の会員数の変化と変わらない。協会に加盟していない種苗店も少なからずあるので、実数は異なるが、減少傾向は変わらないだろう。

　前述したように、街の小さなタネ屋さんがもっていた地域在来品種は、時代に合わなくなり、タネ屋さんの減少とともに多くの品種が消えていった。いまなお地域で頑張る種苗店に置かれるタネのほとんどは、大手種苗店によって育成された改良品種である。たとえば野沢菜に代表されるツケナは、とくに若い世代の家庭で漬けられることが少なくなり、漬け物業者が作った商品を買って食べる場合が多い。商品である以上、収量性、均質性、加工特性などでまさる野沢菜が普及するのはある意味で当然のことであり、先に例を示した源助蕪菜のようにツケナの地方在来品種は片隅に追いやられる一方である。

　さらに、地方在来品種であっても、野沢菜のように市場でのニーズが高まり、

「売れる」品種・タネであれば、大規模かつ安価に採種できる海外での種子生産も行われるようになる。また、育種によって耐病性を付与され、ますます市場での優位性を増していく。

寛永年間の記録に登場する島田屋(38ページ参照)の主力品種であった諏訪紅蕪も、野沢菜との競争に敗れた品種の一つである。近年、そのタネを販売する種苗店が次々と減っていき、絶滅状態にあると考えられてきたが、諏訪で一軒と近藤種苗店(32ページ参照)が、細々と採種を行っていることが最近の調査でわかった。とはいえ、いつまで採種が続けられるのだろうか。

日本種苗協会から入手した長野県内の会員数の推移に関する資料には、年ごとに加入した種苗店と辞めていった種苗店の名前が記されていた。後者は赤い字で記されている。2011年2月に辞めた種苗店として記されていたのは、竹安商店(34ページ参照)だった。取材当時79歳だった安井紀佐さんの顔が思い出される。「どうにか存続する手だてはないものか」と嘆いたが、街の小さなタネ屋さんがなくなってしまう日がついにきてしまった。

5　地方在来品種が生き残っていくために

地方在来品種のタネを生産しても販売量が非常に限られ、採算がとれにくい以上、種苗店の減少傾向はタネ消失のリスクを高めている。とはいえ、タネは採るものではなく、買うものという習慣が当たり前になった現在、若い世代の人たちに、品種維持のために自家採種を強いることは困難である。長野県内で調査した36品種のうちの4分の3が種苗店などで採種・販売されている現状を見ると、地方在来品種のタネは早晩、種苗店もしくは専門採種業者によって守られていくようになると予想される。その意味で、一定のリスクはあるものの、街のタネ屋さんは地方在来品種を守る「最後の砦」と考えられる。

それを大いに予見させる事例がある。筆者は、長野県内を中心とした地方在来品種の採種の現状を調査する一方で、2005年から06年にかけて西川芳昭とともに、オランダ[16]、ドイツ[17]、イギリス[18]の地方品種の採種状況を調査してまわった。そこでわかったのは、これらの国では地方品種というものがすでにほとんど存在しなくなっているという事実である。正確に言えば、もともとあった地域ではすでに栽培されておらず、いくつかの品種が有機農業専用の

種苗店やバイオダイナミック農法(19)のタネを扱う種苗店によってわずかに生産・販売されているにすぎない。

それらの品種は、「地方品種(local variety)」とは呼ばれず、「昔品種(old variety)」もしくは、日本でも最近使われるようになってきた「伝統品種(traditional variety)」と呼ばれていた。そして、小規模栽培の有機農家や家庭菜園を楽しむホビーファーマーによって、わずかに栽培されている。

オランダの場合、かつての地方品種のタネは、デ・ボルスター(de Bolster)という小規模種苗店のみで扱われていた。ここでは少量多品目のタネを生産している。2003年のカタログを見ると、70種110品種の野菜のタネを販売していた。そのほか、緑肥作物やハーブ類、花のタネの生産も行われている。自家採種できないハイブリッド品種は扱っておらず、すべて放任受粉によって採種されているという。

当時60歳を過ぎていた経営者のドヴェス・ワグナー氏は、「採種の仕事は苦労が多く、現在扱っている約350品種を維持するので精一杯だ」と話し、子どもたちは継ぐ予定がないので、経営を誰かにゆだねるときが来る可能性を示唆していた。こうした仕事は、誰でもすぐに始められるものではなく、種子や育種、栽培などに関する多くの知識と経験が求められる。「一般の種苗会社は、このような小さなマーケットには関心を示さないため、どうなるかわからない」とワグナー氏は言っていた。

その後2009年に、デ・ボルスターの経営は別人の手に渡る。オランダの場合、デ・ボルスターが維持してきた昔品種のタネがなくなるということは、種苗店で手に入らなくなることを意味している(ジーンバンクで、タネのバックアップはしているだろうが)。

オランダと比べれば、日本には各地に多くの地方在来品種が残っていると言える。それでも、現在の状況を考えれば、自家消費しかされていない地方在来品種が遅かれ早かれ消滅していくことは明らかである。その流れは止められないであろう。現在、元気のよい地方在来品種は、かつて雑駁でばらつきの見られていた形質を最近になって手入れ(メンテナンス)して、均一性を取り戻し、市場性を取り戻したものばかりだ。

長野県の場合、信州伝統野菜の認定制度が陽のあたらなかった地方在来品種に光を当て、側面支援となっているのは心強い。このように伝統野菜としての

お墨付きを得て、地域内外の消費者への認知度やイメージをアップさせることが、地方在来品種が生き残るために必要な条件の一つになるだろう。市場を意識した栽培・利用と、地域の宝としての振興とを結びつけていくことが、次の世代へ品種を残していく原動力になっていく。そのためには、私たちは自らの生活する地域の文化を見直し、その地で育まれてきた個性豊かな地方在来品種を食生活に取り入れる選択肢を増やす必要がある。そうした意識の高まりが、品種の存続につながっていく。

　京野菜や加賀野菜など有名伝統野菜の認定制度は、各自治体でも始められている。この取り組みが日本各地に広まり、少しでも多くの品種が残ってほしい。そのためにも、これらの品種をタネのレベルで保全していかなければならない。

　地方在来品種を守るということは、農業生物多様性の維持にとどまらず、地域の文化の次世代への伝承でもある。地方在来品種のタネを生産者へ届ける街のタネ屋さんの果たす役割の重要性は、年を経るごとに高まるであろう。

(1) 本章では、英語の seed を基本的に「タネ」と表現する。日本語では、「種子」「種」「たね」「タネ」とさまざまに標記されるが、「種」は species を意味する「種」と紛らわしいため、引用文以外では用いない。また、「種子」は自然科学分野の学術用語としても一般的なので、「種子生産」など定着している用語はそのまま使っている。

(2) J・R・ハーランは著書『作物の進化と農業・食糧』(1984)(熊田恭一・前田英三訳、学会出版センター)で、「穀物栽培における自動的淘汰」について、それを引き起こす作業として、耕作、播種、除草、収穫、脱穀、種子の精選、貯蔵をあげている。ここに採種はないが、おそらく収穫作業にその意味合いが含まれていると考えられる。

(3) J. F. Hancock 2nd ed.(2004), *Plant Evolution and the Origin of Crop Species*, CABI Publishing, pp. 151-173.

(4) 異型植物(off-type plant)のこと。『植物育種学辞典』(日本育種学会編(2005)培風館)には、「品種またはある特定の集団において、典型とされる個体に比べて異なる表現型をもつ個体。(中略)自然交雑、自然突然変異、採種から播種までの過程での混種、前年度作のこぼれ種子の発芽などによって生じる」とある。

(5) 芦沢正和(2009)「最近の野菜の種類・品種の変遷」芦沢正和監修、野原宏編『日本のふるさと野菜』日本種苗協会、1～12ページ。

(6) 大井美知男・神野幸洋(1999)「長野県のカブ・ツケナ品種」『信州大学農学部紀要』第 35 巻 2 号、83～92 ページ。

(7) 渋谷茂・岡村知政(1952)「種皮の表皮型による本邦蕪菁品種の分類」『園芸学雑誌』第22巻4号、235～238ページ。A型は、種子を水に浸したときに表皮の薄い膜が水を含んで水疱状になる。一方、B型は、水につけても膜構造をもたないため水疱状にならない。

(8) おもな現地調査は2005年に行われ、その結果は、根本和洋『食の文化財である地方品種をまもるための種子供給システムに関する研究』(2006)財団法人アサヒビール学術振興財団研究助成報告書にまとめられている。本章では、その後の調査結果によって得られた新しいデータに修正している。そのほか、前掲(6)、大井美知男・神野幸洋共編(2002)『からい大根とあまい蕪のものがたり』長野日報社 の情報を補足的に用いた。

(9) 地方品種のF_1化に関して、詳しくは、西川芳昭・根本和洋(2010)『奪われる種子・守られる種子―食料・農業を支える生物多様性の未来―』創成社の第6章「地方野菜品種のF_1品種化―長野県在来かぶ品種「清内路あかね」事例から―」を参照されたい。

(10) 社団法人農林水産先端技術産業振興センター(2009)『平成21年度海外及び国内野菜採種現地調査報告書』。

(11) (株)信州山峡採種場(1984)『採種業20年のあゆみ―創立20周年記念誌―』参照。

(12) 日本種苗協会(2008)『日種協のあゆみ』。

(13) 長野県原種センター(1995)『つけな・かぶ、野菜在来種の種子保存表』。

(14) 大井美知男は、前掲(8)において、野沢菜の成立過程について、「定説はないが、種皮型の遺伝様式から考えると、少なくとも天王寺蕪を直接の起源品種とするには無理がある」としている。

(15) 青葉高(1991)『野菜の日本史』八坂書房。

(16) 根本和洋・西川芳昭(2006)「小規模種苗会社による地方品種遺伝資源の管理と地域適応品種育成における農民参加の可能性―オランダにおける事例調査から―」『信州大学農学部紀要』第42巻、27～35ページ。

(17) 根本和洋・西川芳昭(2007)「オルタナティブな農業のための種子供給システム―ドイツにおけるバイオダイナミック農業の事例調査から―」『信州大学農学部紀要』第43巻、73～81ページ。

(18) 西川芳昭・根本和洋(2005)「在来品種遺伝資源管理の現状と将来の方向性―英国における旧国立園芸研究所蔬菜ジーンバンクとHeritage Seed Libraryの事例から―」『産業経済研究』第46巻1号、45～62ページ。

(19) ドイツ人の人智学者R. シュタイナーによって提唱された農法。

第2章 農業生物多様性の管理に関わるNPOの社会的機能と運営特性
——在来品種の保全・利用を進める団体を事例として

冨吉満之・西川芳昭

1 農業者を補完するNPOの活動

　作物遺伝資源の構成要素である在来品種（伝統品種・地方品種）は、世界的に急速に消失している。これらの在来品種を持続可能な形で管理（保全・利用）することは、持続可能な農業生産のために必要であり、かつ農業生物多様性の保全の観点からも重要である。本章では、非営利組織（non-profit organization：NPO）がこれらの資源の保全・利用に関する活動を行う意義と可能性について検討する。

　日本では近代品種が普及し、多国籍企業や大企業による種子産業の寡占・独占が進むなかで、在来品種が急速に消失しており、その保全は喫緊の課題である。育種素材としての作物遺伝資源を維持する観点から、国や地方レベルでのジーンバンクが存在する[1]。しかし、これらの施設に保全される資源は一般農家に対して広く開放されているわけではない。一方で、各地で細々と栽培が続けられている在来品種は、その地域の気候風土に適応した形質を備えている。こうした品種は現地での適切な栽培の継続によって維持される。いったん、その種子が失われてしまうと、同様の品種を再び作り出すのは不可能に近い。

　「品種に勝る技術なし」[2]という言葉もあるように、農業生産を行うにあたって（在来・近代を含めた）品種は重要な技術として位置づけられてきた。在来品種の定義はさまざまであるが[3]、本章では「ある一定の年数以上にわたって、特定の地域で繰り返し栽培・自家採種され、その地域の栽培条件に適応するとともに、特有の形質を獲得した品種」とする。

　このような在来品種は、近代品種（とくにF_1品種）の発展・普及とともに急速に失われ、現在では高齢農家が自給用に細々と栽培している場合が多い。だが、さまざまな地域の気候風土に根ざした在来品種が栽培・利用され続けるこ

とは、作物の種としての多様性、品種としての多様性、さらには食文化の多様性の維持にほかならない。品種の画一化がますます進みつつある一方で、財政難により国や地方レベルのジーンバンクがこうした作物遺伝資源の多くを管理していくことも困難な状況にある。

本章では、地域固有の在来品種は農業者が中心になって保全・利用を行っていくのが望ましいという前提のもとで、それを補完する役割としての非営利組織（NPO）の活動に焦点を当てる。非営利組織によるネットワーク的な活動が、作物遺伝資源の保全・利用にどのような影響を与えているかを分析することは、多様な主体が関わる管理システムを構築するために意義があると思われる。

2節では、作物遺伝資源を保全・利用していくことの意義について、先行研究を整理しつつ検討する。3節では、農家や企業・政府機関など作物遺伝資源の管理を担う主体について、その特徴の比較を通じて、非営利組織を分析するための枠組みを構築する。続く4節では、作物遺伝資源の管理に関わるNPOへのヒアリング調査の結果をもとに、活動実態を明らかにする。そして5節では、調査を行った各組織主体の比較分析を通じて、NPOによる作物遺伝資源管理の可能性と課題について考察する。

2　作物遺伝資源を保全・利用する意義

作物遺伝資源とは、栽培植物の改良品種のほかに在来品種や地方品種を含む概念である。より広義の言葉として植物遺伝資源がある。これには栽培植物や近縁野生種が含まれ、育種素材として重要な価値をもつ。また、森林遺伝資源もここに含まれ、とくに東南アジアなどで重要視されている。植物遺伝資源に並ぶ概念としては、微生物遺伝資源、動物遺伝資源がある（図2-1）。

これらを合わせたものが遺伝資源であり、食料生産を中心とした人間活動を行うためにさまざまな場面で深く関わっ

図2-1　遺伝資源をめぐる概念図

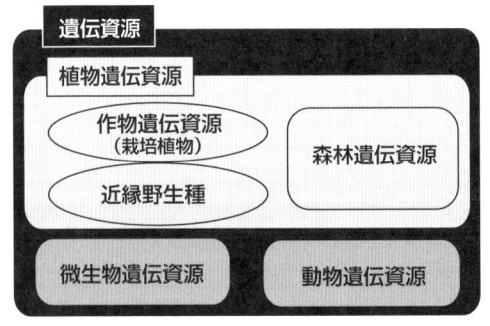

ている⁽⁴⁾。他の資源(たとえば鉱物)が消費・消耗されていくのに比べて、作物遺伝資源は増殖が可能という特徴をもつ。それゆえ、権利関係が複雑に入り組んだ国際的な問題となっており、最近では生物多様性条約第10回締約国会議(COP10)で国際的な議論が行われている⁽⁵⁾。歴史的には、おもに育種(品種改良)の素材として利用するために、収集・保存・交換されてきた⁽⁶⁾。

　さまざまな近代育種が可能となるのは、在来品種が各地で分化し、作物の種(または品種)としての多様性が基礎にあるからである。農家や生産者が実際に栽培して、できた作物から自家採種を行い、次の年にその種をまた播くことは、「生息域内保全」(オン・ファーム保全)と呼ばれる。大和田興と川手督也は、農業者が主体となった作物遺伝資源管理の意義として、①作物の遺伝的多様性の保全、②持続的農業の推進、③在来種を核とした地域活性化、④農業の全体性の回復に基づく農業者の主体性の確立の4点をあげている⁽⁷⁾。

　一方、前述のジーンバンクでは冷蔵(凍)庫で種子の長期保存が行われるとともに、圃場で多くの品種が栽培され、種子の更新が図られてきた。このように、農業者によって栽培される場所から遠く離れた場所で保全されることは、「生息域外保全」と呼ばれる。

　また、作物の種(品種)は原産地から多様な経路をたどって伝播し、そのなかで品種の多様性が増すという側面をもつ⁽⁸⁾。こうして現在の栽培地に渡った品種は、そこで栽培され続けることによって、地域特有の環境に適応していく。このような経過を経てある程度の特性が定まった在来品種は、収穫期や形などにばらつきがあり、大量生産や大量出荷には向かないという面がある。一方で、長期間にわたる収穫が可能で、調理法などとともにその地域の生活文化の一部を形成してきた⁽⁹⁾。こうした在来品種が全国各地、また世界中で栽培されることで品種の多様性が生まれ、文化的広がりを見せる。

　しかし、在来品種は急速に減少しており、とくに国内では一部のブランド野菜をのぞいて、自給的に栽培される場合が多い。このような在来品種を「冷蔵庫」で保全することはもちろん重要であるが、生息域内保全という形態が示すように、在来品種は栽培され、利用されてこそ、はじめて意義がある。

　作物遺伝資源の管理のあり方をめぐっては、国際開発論のなかでアフリカ諸国や一部アジアにおける研究がある⁽¹⁰⁾。また、世界各地で農家が自分たちの生活を維持するために持続的に作物を育てることが、作物遺伝資源を維持して

いくうえで決定的に重要であると指摘されている(11)。さらに、遺伝資源の保全と持続的利用を促進するためには、①国際機関などによる世界レベルでの対応、②国家レベルでの対応、③地域レベルでの多様な組織による対応が、それぞれ有機的に連携することが必要となる(12)。

各国内における管理の現状に関しては、ヨーロッパおよびアフリカ、日本での事例研究がある。ヨーロッパでは、小規模種子産業が農業の生物多様性の保全・利用に果たしている役割が大きい。それらは、有機農業者や趣味の園芸家との連携によって形成されたネットワークを通じて実現している。ただし、品種が誕生した場所とは別の地域で栽培されている場合が多い(13)。アフリカ(ケニア)では、外来の野菜を食べることが「現代的」だと捉えられてきたが、消費者への啓発が在来品種の利用拡大に大きな役割を果たした事例がある(14)。

日本では、有機農業などの持続的農業を意欲的に進める農業者によって保全・利用が図られている。課題としては、①法制度によって農業者が自家採種による種子の増殖の権利を確保する必要性、②自家採種技術を含む農家主体の作物遺伝資源管理の再評価を行う必要性、③農民に開かれたジーンバンクの設立や自家採種に関する広域的な農民ネットワークの形成とその支援が指摘されている(15)。

日本で有機農業推進法が施行され、5年以上が経過した(16)。だが、有機農業と親和性の高い在来品種の普及・支援体制が十分であるとは言えない。また、水田はいったん放棄されると元に戻すのに非常に長い年月を要するが、在来品種(種子)の場合は、一度失われると再び同じ品種の創出は不可能に近い。その意味で、全国各地で多くの主体が関わって実際に(オン・ファームにより)在来品種を栽培して保全・利用し続けることは、人間が継続的に食料生産を行うための必要条件である。

さらに、日本の多様な気候風土のもとで分化した品種は、世界中とりわけ東アジアで農耕を営む人びとに対して貢献できる可能性をもっている。このような文脈で考えれば、世界レベルで作物遺伝資源を保全していくことの重要性が理解されよう。

3 作物遺伝資源の管理を行う多様な主体と調査対象

1）作物遺伝資源の管理を担う主要な主体

　本節では国内の在来品種を対象として、農家、政府、企業などによる作物遺伝資源の保全・利用の特徴と長所、限界を示す。

　現在、日本で自家採種を行いつつ在来品種を栽培する農家はどの程度存在しているだろうか。日本有機農業研究会によると、自家採種を行っている有機農業者の割合は、野菜58.7％、芋類66.9％、豆類62.3％である[17]。自家採種を行うメリットとしては、「種子を含めて有機農場内の自給や循環を図ること」「自園に合った品種を引き継げること」「種子代がかからないこと」(いずれも46.3％)、「在来品種・伝統品種を引き継げること」(42.6％)があげられている。

　政府機関については、日本でもっとも大きな作物遺伝資源管理組織は独立行政法人農業生物資源研究所である。その農業生物資源ジーンバンクには、2009年時点で約24.8万点の植物遺伝資源が登録されている。新たに登録されるものは年間5000点以上に及ぶ[18]。

　民間企業では、おもに種苗メーカーや食品企業が該当種子の保全を行っている。ただし、財政的限界があるため、収益性が高いと予想される資源管理に傾きがちであるという特徴をもつ。

　近代品種の育成(品種改良)は、米、麦、大豆などに関しては主として都道府県の農業試験場が担い、他の作物(野菜など)については種苗メーカーや一部の食品企業などが担ってきた。しかし、さまざまな在来品種は気候風土に根ざして作られてきたものであり、保全はオン・サイトで行うべきである。在来品種は激減しているというが、それでも国や企業が担うには膨大である。まして、農家がこれ以上の労力を割いて「生産性」があまり高くない在来品種を管理していくことは厳しい。したがって、多様な主体との協働による管理システム構築の必要性が提起されている[19]。

　そこで着目されるのがNPOによるネットワーク的な活動である[20]。NPOによる遺伝資源管理への関与形態としては、以下の5点が想定される。

　①自ら栽培・採種を行う(農家型)。
　②地域で消えつつ(埋もれつつ)ある品種を収集・保存する(ジーンバンク型)。
　③事業として種子を販売する(種苗商型)。

④収穫物を特産品として加工・販売する（食品加工・販売型）。
⑤各主体を結ぶ（ネットワーク型）。
　現実には、NPOはこうした活動のどれかひとつにだけ関与しているわけではない。複数の活動を並行して行っていると考えられる。

2）調査対象と方法

　ここでは、複数の団体への実態調査から、作物遺伝資源の管理にあたって組織形態別にみた長所と短所を整理する。それによって、作物遺伝資源の管理を行う各組織主体（行政・企業・農家・NPO）の特徴を比較し、NPOによる継続的な遺伝資源管理が可能かどうかと、その関与形態の特徴を明らかにする。なお、組織主体の比較を行うにあたり、公益法人制度改革によって現在移行期間中である法人も取り上げている。
　具体的には、以下の4つの団体への実態調査を行った。NPO法人が2団体、移行中の公益法人が1団体、任意団体が1団体である。すなわち、NPO法人「日本有機農業研究会」、NPO法人「清澄の村」、財団法人「広島県農林振興センター・農業ジーンバンク」、任意団体「ひょうごの在来種保存会」である。
　NPO法人については、全国的なネットワーク活動を行う観点から日本有機農業研究会を、地域に密着して伝統野菜の保全に取り組んでいるという観点から清澄の村を選定した。広島県農林振興センター・農業ジーンバンクを対象にしたのは、現在進められている公益法人制度改革のなかで移行期間にあるため、NPO法人と比較するのに適していると判断したからである。ひょうごの在来種保存会は、県域を対象に活動する比較的大規模な団体であるにもかかわらず、法人化を選択していないため、その構造・特徴を明らかにすることに意義があると考えた。

4　組織主体別に見た作物遺伝資源管理に関わるNPOの実態

1）NPO法人・日本有機農業研究会（種苗ネットワーク）

　日本有機農業研究会（以下「日有研」）は、生産者と消費者および研究者が中心となり、有機農業の探求、実践、普及啓発、交流などを目的として、1971年に結成された。その後、全国的な有機農業運動や生協運動の興隆とともに、

表 2-1　NPO 法人・日本有機農業研究会の概要

法人認証	2001 年 7 月 17 日
所在地	東京都文京区本郷
目的	この法人は、環境破壊を伴わずに地力を維持培養しつつ、健康的で質の良い食物を生産する農業を探求し、その確立・普及を図るとともに、食生活をはじめとする生活全般の改善を図ることにより、地球上の人類を含むあらゆる生物が永続的に共生できる環境を保全することを目的とする。
活動分野	保健・医療・福祉、社会教育、環境保全、国際協力、子どもの健全育成、連絡・助言・援助
事業内容	(1)食料自給、有機農業生産、健康な食べ方と有機生活、有機種苗、食品安全と環境保全、産消提携等に関する調査・研究の実施、研究会の開催 (2)食料自給、有機農産物生産、健康な食べ方と有機生活、有機種苗、食品安全と環境保全、産消提携等の普及・啓発のための研修会、講習会、学習会等の開催 (3)有機農産物、有機種苗、有機農業情報及び食品安全と環境保全情報等の交換・交流のためのネットワークの運営 (4)有機農業、有機生活に係る基準、資格等の設定 (5)有機農業、有機生活に係る相談 (6)内外の有機農業関連団体、環境保護団体、消費者団体等との連絡、協議、協力 (7)本法人活動に係る書籍、資料、映像資料等の作成、刊行、頒布 (8)会誌の発行 (9)その他この法人の目的を達成するために必要な事業

資料：日有研の定款をもとに作成。

活発に活動が展開されていく。1980 年代初頭の最盛期には、会員数が 6700 名にまで達した。2001 年 7 月には NPO 法人として東京都より認証を受け、全国各地の有機農業者や提携する消費者などの個人会員約 2600 名と、各地の有機農業研究会など複数の団体会員によって構成されている(表 2-1)。

おもな活動は、有機農業に関する講演会・シンポジウム・セミナーなど普及啓発、年次大会・総会の開催、種苗交換会の開催、社会的課題への発言と取り組み、行政への提言などで、機関誌『土と健康』を月刊で発行する。組織は生産部、種苗部、青年部、科学部、国際部から構成され、なかでも種苗部や青年部がメンバー 10 名前後で活発に活動している。年間予算規模(収入)は、3000 万〜5000 万円である[21]。

在来品種の保全・利用に関しては種苗部が中心で、年に数回開催される種苗交換会では、「種苗の自給をめざし」、参加者が自家採種した種子を持ち寄って会員間で交換される。あわせて、栽培法などの技術交換も行われる。種苗交換会の歴史は、1982年4月18日に行われた「関東地区種苗交換会」に端を発している。その後、メンバーの農家の家を会場に、持ち回りで継続されてきた。種苗部は、こうした交換会や研修会の開催、優良自家採種種子のデータベース化と冷凍保存などに取り組んでいる。

　なお、ここでの「種苗交換」とは、文字どおり「会員相互間における種苗の交換」であり、販売行為にはなっていない。こうした交換という形をとる理由には、法制度が関係している。種苗を有償で販売する場合には、種苗法が適用される。販売するためには、種苗業者として登録し、種子の発芽試験などを行い、発芽率や使用した農薬を表示する必要がある。しかし、交換会の目的はあくまで会員が自家採種を行うための種子の幅広い普及であるため、少量の種子を無償で交換する形態をとっているのである[22]。

　その後2002年に、種苗提供をよりスムーズに、組織化して行うために、「種苗ネットワーク」が内部組織として発足した。それまでも種苗部が中心となった種苗交換会は定期的に行われていたが、参加できる人が限られてしまう。そこで、「その場限り」になるのはもったいないと考えたメンバーが、より恒常的に種子を保存し、年に2回(春・秋)、機関誌に掲載して頒布することを企画した。この種苗ネットワークでは、優良な種苗の自家採種・自家繁殖と種苗交換・融通を盛んにするために、以下の活動を展開している[23]。

①自家採種・繁殖種苗データベースを構築する。
②種苗提供者の提供可能種苗に関する情報を利用者に提供する。
③団体が冷蔵保存している種子を利用者に提供する。
④消費者向け家庭菜園用種子を提供する。
⑤農家向けに優良種苗を必要に応じて提供する。

　2010年度の種苗ネットワークの活動実績を整理すると、次のようになる。
　まず、年2回の種苗頒布に関しては、種苗のべ111種類から、のべ99名に対して合計539袋を頒布した(2009年度はのべ115種類から、のべ129名に対して合計701袋を頒布)。ネットワーク登録者は、提供者登録が3名、提供・利用者登録が63名、利用者登録が341名、合計407名である(2010年12月時点)。

種子の管理については、ある理事が、自宅の一部に(種苗ネットワーク用の)冷蔵庫を設置して、「細々と」管理している。なお、保存している種苗は提供者である採種農家などから「寄付」されたものであり、謝礼や報酬はともなっていない。種苗法への配慮から、このような形態となった。現在は、複数の採種農家が大量に種苗を寄付する体制ができており、活動が支えられている。こうした採種農家は、熱心に自家採種を行い、それを多くの人に使ってもらうことを喜びに感じているため、無償でも提供を続けているという。これは、日有研が「有機農業の普及」を大きな目標としていることに沿っているが、一方で、「販売部門をつくってもいいのでは」という意見をもつメンバーもいる。

このように日有研の活動は全国を範囲としており、国内で最大規模のネットワークをもち、在来品種の保全・利用に対する影響は小さくない。だが、交換される種苗の多くは、少数の熱心な採種農家が提供している。また、研究会の方針としては「自家採種を促進するための種苗交換」に重きがおかれているが、種苗の販売事業化へ意欲をもつメンバーも見られる。ただし、実際に種苗の販売を行うためには、種苗法に定められたさまざまな要件を満たす必要があり、現状ではむずかしいと考えられている。

また、全国組織として活動しているが、地域ごとに有機農業組織があるところも多く、地域で活発な運動が行われている場合には、全国組織に入るインセンティブが小さい。したがって、アドボカシー活動を盛んにする、各地域に存在する組織をとりまとめるなど、ネットワークを強化するような展開が求められる。

2) NPO法人・清澄の村

清澄の村は2005年4月に奈良県より認証を受け、同年11月に設立された(表2-2)。奈良市の精華地区(旧五ヶ谷村)[24]をフィールドとし、地域資源、とくに大和伝統野菜の保全・調査・研究をおもな目的として活動している。代表の三浦雅之氏は、1998年4月に任意団体として清澄の村を設立し、大和伝統野菜の調査・研究を行うとともに、「奈良種の交換会」を実施してきた。

その後、奈良県の助成(2003年「地域ささえあいカンパニー」事業)を受け[25]、2005年3月には農水省の「故郷に残したい食材100選」の助成を受けて大和伝統野菜の調査を行うなど実績を重ねた後に、NPO法人となる。現在では、

表2-2 NPO法人・清澄の村の概要

法人認証	2005年4月11日
所在地	奈良県奈良市高樋町
目的	この法人は、地域主権の活動を迎えるにあたり、奈良市精華地区をフィールドとし、地域住民が主体となったコミュニティをベースに市街地近郊という立地条件を活用することで、まちづくりに関心をもつ地元の市民、農家、事業経営者、芸術家、そして研究者や学生といった様々な能力を持つ人々とのネットワークを形成し、地域資源の調査研究、マネージメントを行い、「食と農」をテーマとしたまちづくり事業への支援を通して、地域産業の創出とコミュニティの持つ文化継承、教育、福祉といった集落機能の再構築とまちづくりの発展に貢献することを目的とする。
活動分野	保健・医療・福祉、社会教育、まちづくり、学術・文化・芸術・スポーツ、環境保全、経済活動活性化、職業能力開発・雇用機会拡充、連絡・助言・援助
事業内容	特定非営利活動に係る事業の種類 (1)地域資源に関する総合的な調査研究事業 (2)大和伝統野菜に関する調査研究・栽培保存事業 (3)地域の食文化と食教育に関する事業への支援と調査研究事業 (4)まちづくり交流会の開催事業 (5)大和伝統野菜または清澄の里をテーマとした芸術活動事業 (6)竹資源の有効活用に関する調査研究事業 (7)ヤギを中心とした中・小家畜の飼育技術の継承と活用に関する調査研究事業 (8)教育関連機関とのインターンシップのコーディネート事業 (9)地元学研究会の開催事業 (10)会員間におけるミッションサポートのコーディネート事業 (11)ホームページによる清澄の村の活動の情報発信事業 (12)地域創造関連団体の活動の支援事業

資料：清澄の村の定款をもとに作成。

大和伝統野菜を中心にエアルームと呼ばれる海外の伝統野菜を加え、国内外150品種の作物を毎年メンバーで分担して栽培・自家採種している[26]。会員は個人会員が50名、団体会員が1団体である。

　三浦氏が五ヶ谷地区にある在来品種の種子を収集するようになった経緯をみてみよう。まず、1998年ごろから夫婦で五ヶ谷の農地(耕作放棄地)を借りて、開墾した。五ヶ谷地区は奈良市街地から車で30分ほどの距離にある中山間地域で、第二種兼業農家が多い農業振興地域である。三浦氏に農業の技術指導を行った人たちが偶然にも大和伝統野菜の継承者だったため、種苗交換会を企画

した。

　集落の人たちが、各家庭で「食べる」という食文化をとおして伝統野菜を育てるのが本来の姿であると考えた三浦氏は、各自が持っている種と一緒に、食べ方などについてのエピソードを話してもらったという。また、実際に調理して試食を行った。すると、地域外の参加者から「珍しい、美味しい」という声があがる。栽培している人たちは種子を代々受け継いできており、美味しいから栽培してきたのだが、外部の人の評価を受けることで、それを再認識する場合が多いという。

　こうした活動のなかで、三浦夫妻は五ヶ谷地区の人たちに受け入れられていった。そして、150もの品種を毎年、メンバーで分担して栽培・採種を行うに至っている。採種に際しては適地適作を心掛け[27]、メンバーの得手不得手を考慮して分担している。

　「『種を採らねば』という使命感・義務感だけでは続きません。義務になると種採りは厳しい。『美味しい』と思う過程が大切です」

　こうした気持ちや感覚を大切に考え、メンバーが「美味しいから、『また作りたい』という自然な気持ち・やる気が出てくる」ような体制をつくっていった。特筆すべきは、地域の伝統野菜を保全する一方で、「将来の伝統野菜」となるべき海外の伝統品種も積極的に導入し、自家採種を続け、地域の気候風土に根ざした在来品種を開発していこうとする姿勢である。

　三浦夫妻は2001年に五ヶ谷地区に農家レストランを開業し、2007年には地域の農家と集落営農組織・五ヶ谷営農協議会を設立した。また、農家レストランは2008年に株式会社・粟として組織化され、2010年には新たに近鉄奈良駅の近くに2号店がオープンしている[28]（表2-3）。集落営農組織では、会員農家が多くの大和伝統野菜を栽培し[29]、全量が株式会社・粟によって買い取られて、レストランでの飲食事業に使用される。NPO法人は在来品種の管

農家レストランの名称にもなっている粟の収穫
（写真提供：三浦雅之氏）

表 2-3　NPO 法人・清澄の村関連年表

年　次	項　　目	備　　考
1998 年	三浦夫妻、五ヶ谷地区で開墾開始 農家と種苗交換会	
2001 年	レストラン・粟清澄の里開業	個人営業
2005 年	NPO 法人・清澄の村設立	
2007 年	五ヶ谷営農協議会設立	前年に活動開始。この時期に農協より集落営農組織の認定を受ける。
2008 年	株式会社・粟設立	飲食部にレストランを配置
2010 年	レストラン・粟ならまち店開業	

資料：清澄の村へのヒアリング及び受領資料をもとに作成。

理を行い、品種としての形質・品質の維持を図るとともに、栽培農家に種子を提供する。ここに、農業の 6 次産業化がみごとに実現されている。

3つの組織は三浦氏を中心として補完し合いながら相乗効果を発揮し、レストランは 2 カ月以上前から予約で埋まる。農家が作った野菜が直接レストランで調理されることに喜びを感じ、野菜作りにいっそう力を入れているという。

清澄の村は 2007 年に「奈良・もてなしの心推進県民会議」による「もてなしのまちづくりモデル地区」の認定を受けた。また、粟は 2009 年に第 2 回奈良県ビジネス大賞の優秀賞を受賞し、大きな注目を集めている。

3）（財）広島県農林振興センター・農業ジーンバンク

地域戦略作物や新品種開発のための遺伝資源を収集・保存し、利用システムを整備することを目的として、1989 年 12 月に（財）広島県農業ジーンバンクが設立された。そして、第 1 次 5 ヶ年計画(1990～95 年)の事業として、広島県内で絶滅の危機にある作物、在来作物で今日的に利用価値のあるものに注目し、「県内遺伝資源探索・収集ローラー 3 か年作戦」が展開される。その結果、作物の種子 387 点、所在情報 160 点、合計 547 点(130 種)が収集された[30]。2003 年 10 月には、県内の農林系の財団法人と統合して（財）広島県農林振興センターに改組され、地域振興部が農業ジーンバンクを運営するようになる。

農業ジーンバンクは、広島県農業技術センターの敷地内に拠点をもち、冷蔵保管庫で種子の長期・短期保管を行うとともに、圃場での栽培による特性調査、種子の更新・増殖を行っている。また、国のジーンバンクや種苗会社・大学な

図 2-2 農業ジーンバンクの概要

農業ジーンバンク（遺伝子銀行）
（財団法人広島県農林振興センター）

- 生産組織など ←種子提供／情報提供→ 事務所 情報管理
- 実需者・消費者など ←情報提供
- 国などのジーンバンク ↔種子・情報提供
- 種苗会社・大学・研究機関・採種農家など

冷蔵保管庫
缶　詰…長期保管
瓶詰め…短期保管

ほ場（露地・ハウス）
栽培による特性調査
種子の更新・増殖

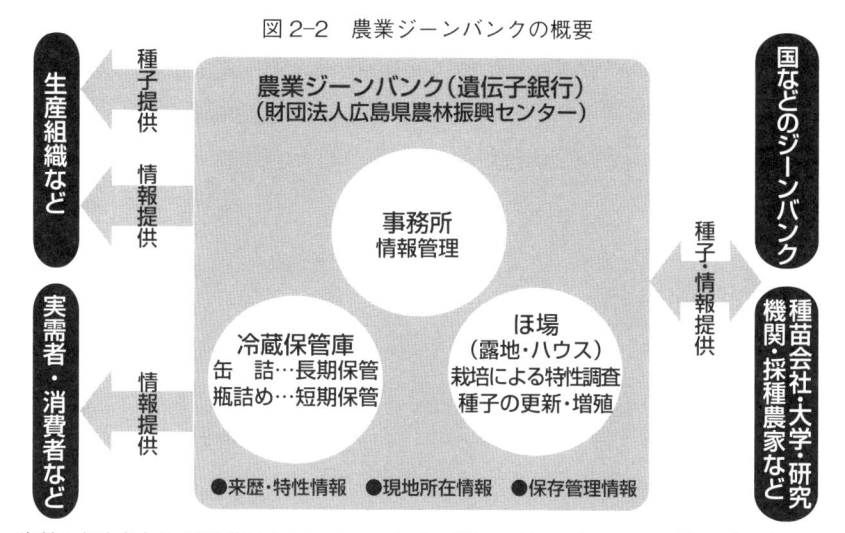

●来歴・特性情報　●現地所在情報　●保存管理情報

資料：（財）広島県農林振興センターのホームページ http://www.kosya.org/（2011年5月13日参照）。

どと種子や情報の交換も行う（図2-2）。大学などから種子保存の委託を受けているものも含めると、現在は約1万8000点が保存されている[31]。

　最大の特徴は、一般の農業者に種子の貸し出し事業を行っている点にある。さらに特筆すべきは、広島県民であれば、誰でも無償で種を借りられることで、これは国などのジーンバンクにはないサービスである[32]。このサービスによって、「多様性を持った遺伝資源がもとの生産地や周辺の圃場に再導入され、ジーンバンクを通じて在来品種が双方向に流れるシステムが形成された」という指摘もある[33]。

　2009年度からは、「広島お宝野菜で地域農業の活力向上を」という事業が始まった（広島こだわり野菜創出・普及促進事業）。この事業の目的は、「味が良い」「珍しい」「変わった食べ方がある」などの貴重な品目・品種を選び、「広島お宝野菜」として生産者に種子を提供すると同時に、流通業者に情報提供を行って、保管されている遺伝資源の利用を復活・促進させることにある。具体的には、約5000点の種子の中から3年間で1500点程度の特性調査を行い、有望品種を150点選定する。次に、種子を増やして生産者に提供し、栽培促進支援を行うとともに、加工・流通・販売事業者に情報提供を行い、販売体制づくりをめざす。

事業の実施期間は3年間で、県の雇用促進予算を受けて提案された。主たる調査者3名、調査補助者7名の計10名体制で、年間の予算額は約2500万円である。なお、この事業が終了すると、従来の年間100万～200万円の予算と実働者2名の体制に戻る。このように、限られた予算と人数で膨大な種類の種子を保管・栽培・更新しているため、今後は種採り(更新)を外部に委託する体制が模索されている。

　また、農業ジーンバンクの母体である(財)広島県農林振興センターは、公益法人制度改革の流れを受け、現在は特例財団法人である。ヒアリングを行った農業ジーンバンクの担当者によると、公益認定を受ける可能性は低く、期限内に一般財団法人に移行する可能性が高い。ただし、今後も県の施設(農業技術センター内にある保管のための設備など)は継続して利用できるようである。また、種子の保全事業は農業技術職を退職したスタッフの熱心な活動に支えられているため、当面は継続が見込まれる。

4）任意団体・ひょうごの在来種保存会

　ひょうごの在来種保存会(以下「保存会」)は、2003年9月に兵庫県姫路市で発足した(表2-4)。在来種・地域固定種が減少の一途をたどっている状況に対して、「県下の在来種・地域固定種を自分で採り続けている方、在来種・地域固定種の保存に関心のある方、地域の食文化に関心のある方、食べることによって応援していただける方などに集まっていただき、共に活動を進める」ことを目的としている。具体的な活動は、(1)種の交換会、(2)産地見学会・現地調査、(3)食育(学校給食)などである。基本的に財産・資産を所有しないことを指針とし、会員相互のネットワークの拡大を重視している。

　保存会は発足から8年を迎えた時点の会員数は730名(2011年10月)。農家や自家菜園主だけでなく、学者や市民、地域の農を支える種苗店などが参加している。内訳は、農家が最大で3分の1程度を占め、次いで耕作会員と応援会員が同数(191名)である(表2-5)。

　「農家が少ない」という見方ができなくもないが、多様な主体が集まっての活動が目的であるため、消費者としての支援者(応援会員：C会員)が多いことは、在来種の消費拡大に役立つと言える。また、将来的な「兵庫県内での種の自給」を目標としているものの、県外会員(114名)も一定割合で存在する。県

表2-4　任意団体・ひょうごの在来種保存会の概要

団体発足	2003年9月3日
所在地	兵庫県姫路市立町
目的(「会員募集のお知らせ」より抜粋)	県内自給をめざし、その根本を「県産種子の自給」におき、種を採り続けることの大切さを県民に伝え、種採りは食文化を支えていることを訴えていきたいと思います。 県下の在来種・地域固定種を自分で採り続けている方、在来種・地域固定種の保存に関心のある方、地域の食文化に関心のある方、食べることによって応援していただける方などに集まっていただき、共に活動を進めるために保存会を設立しました。
事業内容(COP10へ出展のポスターより)	(1)種の交換会 (2)種の研修会 (3)産地見学会・現地調査 (4)食育(学校給食) (5)伝統的知識の保護

資料：ひょうごの在来種保存会へのヒアリング及び受領資料をもとに作成。

表2-5　ひょうごの在来種保存会の会員内訳

記号	項目	人数	割合	備考・詳細
A会員	農家	234名	32%	種に興味のある農家、種採りしている人も含む
B会員	耕作会員	191名	26%	家庭菜園などで栽培している人
C会員	応援会員	191名	26%	学識者、消費者、料理人など
D会員	県外会員	114名	16%	県外の農家、耕作会員、応援会員
会員合計		730名	100%	

注：2011年10月時点での会員数。
資料：「ひょうごの在来種保存会通信」第14号(2011年10月)をもとに作成。

外会員との交流は、種子の交換を通じたより広域での遺伝的多様性の増加に寄与し、普及・消費の拡大にも効果があるだろう。集まった情報は、年2回の通信(紙面)やインターネット上のブログ[34]で発信されている。

中塚雅也が2004年に調査した農業分野のNPO法人(57法人)のうち、会員数が300名を超える団体は7%(4法人)にすぎない[35]。保存会のように会員数700名を超える団体は、NPO法人と比べても大規模であると言えよう。これだけの規模になると、組織運営の円滑化のための法人化が自然な流れであろう。しかし、保存会代表の山根成人氏は、「法人化はしない」と力説する。運営の基本理念として「無所有、無報酬、収益活動を行わない」などが定められてい

ひょうごの在来種保存会が主催する種に関する講演会（2010年11月3日、著者撮影）

る。また、会費はとっていない。発足から8年が過ぎ、いまも会員数が増え続ける要因は、これらの方針の徹底にあると考えられる。

　一般的に、NPO法人などの組織に入会するためには、ほとんどの場合「入会金・年会費」を払って会員登録を行うことが求められる。入会金は取らない団体も多いが、年会費（多くは、個人会員で年間1000～1万円）を払う必要がある。しかし、NPOの活動を「応援したい」と考えてはいるものの、「お金を支払う」ことにためらいがある人には、入会金・年会費がハードルとなる。逆に、会費の設定は、ある程度の「やる気」をもつ人以外は入会してこないような「ふるい」の機能を果たすとの見方もある。

　この点を長所と見るか短所と見るかは、その組織の目的と活動内容によって変化すると思われる。「兵庫県内でできるだけ種を自給する」ために、生産者や消費者など多様な主体を幅広く結びつけようとすれば、ハードルを下げ、多くの人に会員登録をしてもらうことが「賛同者」の増加につながるだろう。

　山根氏は「法人化によって組織の硬直化、本来の目的からのずれが生じる」ことを前提として、会の目的を優先するために組織形態をゆるやかな任意団体のままにとどめていると述べている。NPO法人の「下請け化」「ミッションの変容」などが指摘されるなかで[36]、「法人化しないことによる目的の優先」という選択肢は示唆的である。

　ただし、任意団体を続けることによる弊害もある。先述のとおり、保存会の会員数は700名を超えているが、会員登録が無料である。したがって、「なんとなく会員登録している人もかなりいるかもしれない」という懸念を山根氏はもつ。定期的に会報を発刊しているため、ある程度のコストはかかる。そこで山根氏は、300名程度の会員に直接電話をかけ「会報を読んでいるか」を聴いてまわったという。50名ほどは減らすつもりであったが、退会希望者は30名

程度と少なかった。また、その後も40名以上が新たに入会しており、全体としての会員数は増えている。

会報の印刷・封入・発送作業はすべてボランティアが担当しており、会員の増加にともなって作業負担は増える。今後は、会報をインターネット・メールで配信する方向に順次切り替えて、コスト（労力）削減を図っていく予定である。

5　多様な主体の特徴比較と NPO による管理の可能性

在来品種の保全・利用に関わる4事例（組織主体）の調査結果について、49～50ページに示したNPOによる5つの活動タイプ（①自ら栽培・採種を行う農家型、②地域で消えつつある品種を収集・保存するジーンバンク型、③事業として種子を販売する種苗商型、④収穫物を特産品として加工・販売する食品加工・販売型、⑤各主体を結ぶネットワーク型）に基づき整理すると、以下のようにまとめることができる（表2-6）。

①については、4事例とも会員（職員）による在来品種の栽培・自家採種が行われていた。なかでも、清澄の村では、メンバーである農業者が分担して法人による自家採種を行う体制を構築しており、地域内で多様性の維持・拡大が図られている。これによって、150品種程度のオン・ファーム保全が実現した。一方で、日有研、保存会に関しては、組織主体による直接的な採種活動ではな

表2-6　各組織主体による在来品種の保全・利用タイプの比較

活動タイプ＼団体	NPO法人 日本有機農業研究会（日有研）	NPO法人 清澄の村	財団法人 広島県農林振興センター・農業ジーンバンク	任意団体 ひょうごの在来種保存会（保存会）
①農家（自家採種）型	(○)*	◎	○	(○)*
②ジーンバンク型	○	○	◎	○
③種苗商型	将来的	—	—	—
④食品加工・販売型	—	(○)*	—	—
⑤ネットワーク型	○（全国）	○（地域内）	—	○（おもに県内）

注：(○)*は密接に関係する団体・個人の活動。

く、メンバーが自分の生業の中で個人的に行っているため、間接的な取り組みといえる。

②については、広島県農林振興センター・農業ジーンバンクが県内の在来品種を収集しつつ、県外や大学関係からの種苗も含めて約1万8000点を保管していた。政府機関である農業生物資源ジーンバンクの管理が約24.8万点であることと比較して、1県の組織が管理する品種数としては非常に多いと言える。日有研は、組織主体として在来品種を収集するというよりは、会員間で交換される種苗を保存する活動が主となっていた。ただし、海外の事例にも見られるように[37]、種苗交換会などの活動の継続によって、活動を知った農家が、自分では栽培を続けられなくなった作物の種子を提供してくる可能性もあるので、その意義は少なくない。

清澄の村は、大和伝統野菜の収集を行っており[38]、種苗は「冷蔵庫」で一元的に管理するのではなく、NPOメンバーの農業者が分担して管理していた。保存会は、県内各地で細々と栽培されている在来種を探す活動を展開している。各地で見つかった品種の種子は、それを譲り受けて組織として保存するのではなく、種子を保有する農業者の「情報」を収集し、会員に発信することで、現地で持続的に栽培が行われるための支援を行っていた。

③については、日有研が将来的に種苗販売部門を設立したいという意向をもっていた[39]。しかし、種苗法などの制約、販売のためのコストがかかるため、実際にNPOが事業として種苗販売を行うことはむずかしいと考えられる。ただし、ヨーロッパの事例にあるように[40]、消費者や自家菜園家の多様なニーズに応えるために、NPOがもつ資源(タネ)を利用して、中小種苗メーカーとの協力によって、間接的に種苗販売に関わる可能性は、十分にあるといえよう。

④については、組織主体の活動として食品加工・販売(農産物販売を含む)を行う団体は、収益事業の性格が強いためか存在しなかった。なお、清澄の村では、関連する集落営農組織のメンバーが栽培した農産物を株式会社(レストラン)が全量買い取るという体制を構築している。最近では奈良市内に株式会社による農産物直売所を設けており、農産物の出荷先を確立していた。

⑤については、日有研は全国的なネットワークを有しており、種苗や情報の交換を通じて、品種の多様性を全国レベルで促進する役割を担っている。清澄の村には、おもに地域(集落)内の自治組織と補完し合う形で、農業者のネット

ワークを強化する役割がある。また、地域外の芸術家や学生、研究者なども数多く活動に参加しており、集落内外を結ぶプラットホームの役割を果たしていると考えられる。保存会は、兵庫県内を中心とした農業者、自家菜園家、消費者などが結びつくことで、在来品種の保全・利用(消費)を促進する役割をもつと考えられる。

なお、一般的なNPO活動の特徴のひとつとして、アドボカシー(主張や政策提案)がある[41]。在来品種を含めた作物遺伝資源の管理におけるアドボカシー活動としては、以下の3点があると考えられる。

①種子に関する情報・技術のネットワーク化
②一般消費者への種子に関する情報提供・啓発
③多国籍企業などによる専売的な技術開発・販売戦略への監視・異議申し立て

このうち、③については、日有研が発足当初から活動を展開してきた。また、2010年に名古屋で開催された生物多様性条約締約国会議(COP10)およびカルタヘナ議定書締約国会議(COP-MOP5)において、全国的な市民ネットワークが提言をまとめている[42]。こうした全国的・世界的な市民団体のネットワークの活動は、今後の制度・政策を進めるにあたっていっそう重要になると判断される。

在来品種保全の必要性が強調される状況にある一方で、実際の担い手である栽培者を支えるインセンティブは、「美味しいから」「親から受け継いだものだから」といった個人的な嗜好や想いが少なくない。NPOには、これらの個人的インセンティブを尊重しつつ、なおかつ社会的なニーズとのマッチングを図り、多様な主体をつなぐ機能があると考えられる。また、地域で在来品種の保全・利用を進める際には、国際条約や国内法制度の影響を受けることになる。したがって、NPOが中心となり、さまざまな団体と協力して、積極的かつ継続的に政府や関係機関に対して提言活動を行っていくことが重要といえよう。

いずれにせよ、大切なのは「失われつつある在来種を救出し、保全していくこと」だけではなく、「これからも各地で自家採種が行われ、さまざまな試みによって、品種の多様性が維持・拡大していける」ような条件・社会・制度を構築していくことにあると思われる。

(1) 植物遺伝資源については、独立行政法人農業生物資源研究所・農業生物資源ジーンバンクがセンターバンクとなり、各地に存在する農業・食品産業技術総合研究機構の10研究所、国際農林水産業研究センター、種苗管理センター、家畜改良センターがサブバンクとして位置づけられている。(独)農業生物資源研究所のホームページ http://www.nias.affrc.go.jp/(2011年10月23日参照)。
(2) ブドウの「巨峰」を育種した大井上康氏による。
(3) 在来品種は、local variety、primitive varietyに対応する訳語で、在来種とも呼ばれる。本章で取り上げる「ひょうごの在来種保存会」では、在来種の定義を「ある地域で、『世代を越えて』栽培種の保存が続けられ、特定の用途に提供されてきた作物の品種、系統」としている。また、「農民が伝統的に栽培している品種を一般的にさす場合には在来品種といい、特に野菜などにおける地域の固有種を強調する場合には地方品種(land race)」と区別される場合もある(西川芳昭(2005)『作物遺伝資源の農民参加型管理―経済開発から人間開発へ―』農山漁村文化協会)。
(4) 前掲(3)、参照。
(5) 遺伝資源へのアクセスと利益配分(Access and Benefit Sharing：ABS)や生物多様性に関する議論に、林希一郎編著(2010)『生物多様性・生態系と経済の基礎知識―わかりやすい生物多様性に関わる経済・ビジネスの新しい動き―』(中央法規出版)、毛利勝彦編著(2011)『生物多様性をめぐる国際関係』(大学教育出版)がある。作物遺伝資源の権利をめぐる国際的な情勢変化については、白田和人(2009)「生物資源をめぐる国際情勢の変化に対応した作物遺伝資源の保全技術の改良とジーンバンク活動の改善に関する研究」『農業生物資源研究所研究資料』第8号が詳しく論じている。また、生物多様性の持続的な利用と便益配分に関する国際的議論において、作物(の多様性)が十分には注目されていないという指摘もある(西川芳昭(2010)「参加型農村開発を通じた食料農業生物多様性管理」『農業と経済』第76巻9号、23〜29ページ。
(6) 田中正武(1975)『栽培植物の起原』日本放送出版協会。
(7) 大和田興・川手督也(2009)「農民主体の作物遺伝資源管理の今日的意義」『農業経済研究』別冊2009年度日本農業経済学会論文集、338〜345ページ。
(8) 前掲(6)、参照。
(9) 菅洋(1987)『育種の原点―バイテク時代に問う―』農山漁村文化協会、18ページ。
(10) 前掲(3)、参照。
(11) P. R. ムーニー著、木原記念横浜生命科学振興財団監訳(1991)『種子は誰のもの―地球の遺伝資源を考える―』八坂書房(P. R. Mooney(1979), *"Seeds of the Earth：A Private or Public Resource ?"* Canadian Council for International Co-operation.)。

(12) 前掲(3)、参照。
(13) 根本和洋・西川芳昭(2008)「近代農業における小規模種子産業の役割―農業における生物多様性保全から見たヨーロッパ事例の普遍性と特殊性―」『信州大学環境科学年報』第 30 号、67〜71 ページ。
(14) Irungu, C., Mburu, J., Maundu, P., Grum, M. and Hoeschle-Zeledon, I. (2007), "Marketing of African Leafy Vegetables in Nairobi and Its Implications for On-Farm Conservation of Biodiversity," *Acta Horticulturae, International Society for Horticultural Science,* No. 752, pp. 197-201.
(15) 前掲(7)、参照。
(16) 「有機農業の推進に関する法律」(有機農業推進法)は、2006 年 12 月に制定・施行された。これを受けて農林水産省は 2007 年 4 月、「有機農業の推進に関する基本的な方針」を策定している。
(17) この調査は、有機農業生産をしている農業者(有機 JAS 認定取得者、日本有機農業研究会会員の生産者など)578 名を対象として実施され、有効回答数は 255 件、回収率は 44.1%であった(日本有機農業研究会(2010)『有機農業に使う種苗に関する生産・流通・利用実態調査報告(2)―自家採種を中心として―』平成 21 年度有機農業総合支援対策　有機農業推進団体支援事業［調査事業(種苗)］報告書)。
(18) 前掲(1)、参照。約 24.8 万点は、センターバンクおよびサブバンクに管理されている植物遺伝資源の合計である。2011 年現在約 21.5 万点となっているが、これは情報を公開できる点数である(ジーンバンク長より聴き取り、2012 年 2 月 2 日)。
(19) 前掲、西川(5)、参照。
(20) 在来種、伝統野菜、有用植物、品種など「遺伝資源」に関わるキーワードを活動目的に含む特定非営利活動法人(NPO 法人)は 9 団体にとどまっていた(冨吉満之(2010)「データベースを利用した農業分野の NPO 法人の分類と地理的分布」『システム農学』第 26 巻 4 号、159〜166 ページ)。ただし、この数字は「定款に定めている活動目的」に遺伝資源に関するキーワードを含んでいた団体数のみを表しており、現実にはより多くが何らかの形で遺伝資源の管理に関わっていることが予想される。また、有機農業に関係する NPO 法人は多く見られた。有機農業と在来品種は密接に関係していることから容易に推察されるように、在来品種を保全・利用している NPO 法人も潜在的にはかなり存在すると考えてよい。
(21) 日本有機農業研究会の収支計算書(2006〜09 年度)を参照した。
(22) 交換される種子は、少量を小袋に入れたものを単位とする。参加者はそれを自分で栽培・自家採種することで、種子を増やして利用する。メンバーは有機農業者や自家菜園家を中心としており、販売用の栽培をめざす人と自家消費

する人がいる。
(23) 日本有機農業研究会のホームページ http://www.joaa.net/kakubu/nw-nw.html（2010年10月23日アクセス）。
(24) 五ヶ谷村は、1955年に奈良市に合併されている。
(25)「地域ささえあいカンパニー採択事業の紹介」（財）健やか奈良支援財団のホームページ http://www.nenrin.or.jp/nara/sasaeai/（2010年6月26日参照）。
(26) 150種類のうち45種が奈良県の伝統種、残りは県外または海外の品種である。
(27) レストランと三浦氏の畑は標高100m程度の場所にある。近所には標高400m近い畑もあり、標高差を利用して、さまざまな作物を栽培している。また、複数の場所で(時期をずらすなどして)栽培・採種を行うことで、(種子が絶えてしまう)リスクを分散している。
(28) プロジェクト粟のホームページ http://www.kiyosumi.jp/index.html（2010年11月15日アクセス）。
(29) 三浦氏によると、精華地区には約300軒(約1100人)の家がある。中心の高樋が約90軒(約300人)と、ほぼ3分の1を占める。そのうち12軒が集落営農組織に入っている。
(30) 広島県農業ジーンバンク(1995)『広島県における植物遺伝資源の探索と収集　植物遺伝資源探索・収集ローラー3か年作戦報告書』。
(31) 内訳は、稲類7622点、麦類2929点、豆類1577点、穀物・特用作物1043点、牧草・飼料作物2466点、果樹類2点、野菜類2485点、花き・緑化植物153点、その他14点で、総計1万8291点にのぼる。（財）広島県農林振興センターのホームページ http://www.kosya.org/（2011年5月13日参照）。
(32) 種子を借りたいという相談は年間200件程度あり、実際に栽培した人からは、「(栽培した在来品種は)直売所でよく売れる」という反応があった。ただし、(種子を貸し出した人から)返却された種子は、品質がどういうものか不明であるため、その後は使用していない。
(33) 前掲(3)、参照。
(34) ひょうごの在来種保存会のブログ http://blog.goo.ne.jp/sakura148（2010年11月15日アクセス）。
(35) 中塚雅也(2007)「農業分野におけるNPO法人の活動区分と運営特性」『神戸大学農業経済』第39号、17〜24ページ。
(36) 田中弥生(2005)『NPOと社会をつなぐ―NPOを変える評価とインターメディアリ―』東京大学出版会。
(37) 西川芳昭・根本和洋(2010)『奪われる種子・守られる種子―食料・農業を支える生物多様性の未来―』創成社。
(38) その成果の一部は、奈良県農林部マーケティング課(2009)『平成21年度「大

和伝統野菜」調査推進事業　大和伝統野菜調査報告書』にまとめられている。
(39) 実際には、種苗を販売する別組織を設立する方向で検討されているが、具体的な事業化計画は今後の課題とされていた。
(40) 前掲(37)、参照。
(41) Salamon, L. M., S. W. Sokolowski, and Associates (2004), *Global Civil Society: Dimensions of the Nonprofit Sector*, Vol. 2, Kumarian Press : Bloomfield, CT.
(42) 生物多様性条約市民ネットワークにおいて、人々とたねの未来作業部会が「たねの自由と未来」に関する提言を行っている(生物多様性条約市民ネットワーク(2010)『ポジションペーパー第1次案』40～43ページ)。具体的な提言内容は、①生物多様性条約において「種子などあらゆる繁殖体を含む遺伝資源」を明確に位置づけること、②各国政府に対して「グローバル市場に対応した食料安全保障においてたねの保全・供給戦略を位置づけ」、保全策を講じること、③各国政府および農業関係団体に対して「たねの持続的利用に関する権利を認める」こと、④日本政府に対して「たねへの自由なアクセスを原則保証」するなど「現状の課題解決のために関係法令及び組織・制度を整備」すること、などである。

第3章 遺伝的侵食を防ぐ小さなひょうたん博物館
—— ケニアにおけるひょうたんの多様性の保全活動

森元泰行

1 女性グループが造った博物館

　ケニア東部州、首都ナイロビから車で約3時間。キツイ県で最大のキツイ町の郊外に、小さなひょうたん博物館がある。一見、平凡な農家の納屋だが、中には農村女性団体のチャニカ女性グループ (Kyanika Adult Women Group: KAWG) がケニア全土から集めたさまざまな種類のひょうたんが展示してある。

　この博物館は、チャニカ女性グループのメンバーの内発的な自主性を重んじ、2001年から2年間のバイオバーシティ・インターナショナル[1] (Bioversity International：旧国際植物遺伝資源研究所。以下「バイオバーシティ」) とケニア国立博物館による支援で完成した。ひょうたん種子の保存、配布、圃場栽培による種子の更新、増殖、さらに利用や加工にまつわる伝統知を紹介する場としてのみならず、近隣農村女性団体の活動の拠点としても重要な機能を果たし、農村女性の教育、ひょうたん民芸品、Tシャツ、樹木の種苗の販売などを行っている。ひょうたんの多様性や女性団体の活動を見学するために、地域、県内外はもとより、海外からの訪問者も数多い。

　本章では、バイオバーシティの支援を通じて、チャニカ女性グループのメンバーがひょうたん保全運動で行った、ひょうたん種の採取、多様性評価、品種一覧の作成、利用情報の記録活動などの研究と、農村開発の手法を紹介する。それは、地域内の低利用作物群の利用を促し、需要を拡大させ、持続的に多様性の保全をはかると同時に、地域住民の収入源の確保と栄養源の安定化の両立をめざした農村開発の事例である。

2 さまざまな利用形態

1）各地で多様な品種を器や道具に利用

　ひょうたん（*Lagenaria siceraria*）はウリ科に属する一年生作物である。世界中の熱帯・温帯地域で広く栽培され、さまざまな用途に利用されている。祖先種は同定されていないが、5つの野生種は熱帯アフリカにのみ分布しているので、起源地はアフリカと考えられる。

写真 3-1　ペルーのひょうたんに描かれたインカの生活

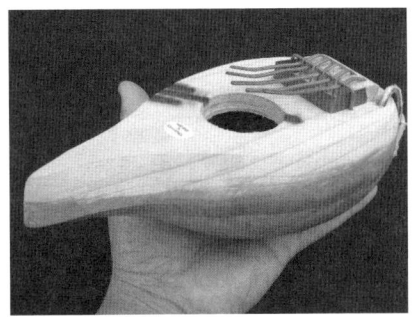

写真 3-2　南アフリカのひょうたんを用いたハンドピアノ

写真 3-3　エチオピア南部のひょうたんを利用した水パイプ

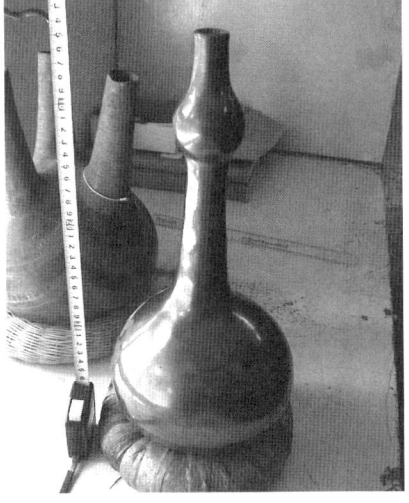

写真 3-4　ウガンダの水入れ土器（ケニア国立博物館収蔵）

第3章　遺伝的浸食を防ぐ小さなひょうたん博物館　69

人類は有史以前より、ひょうたんの硬い殻と多様な形態の果実を器や道具として利用してきた（写真3-1～3-4）。Heiser[2]は、人類は農耕を始めるはるか以前のおそらく10万年以上前からひょうたんを利用しはじめたのではないかと記している。なかでもアフリカでは、土器、木器、繊維を編んだバスケット、動物の皮を加工した器の中に、ひょうたんの果形を意識的に模倣したと思われるものが数多い。

　世界各地で多様な品種が知られているひょうたんは、とくに果実の大きさや果形の変異が著しい。ケニアには、直径50cm以上の大型の果実をつける系統から5cm以下の小型系統まで、大きさ、形、果色、果実表面の状態、果皮の厚さなどによって、30種類を超える在来品種がある[3]。

　果実の形態的変異は連続的であり、明確なグループ化は困難だが、大きさや形の特徴から、それに対応する現地名で多様な品種が区別される。果形以外にも、長さ、大きさ、柄の有無、柄の形、柄の長さ、柄の大きさ、果皮色、重さ、果皮表面の状態、病気の有無、手触り、味、音、硬さ、利用法、さらに早晩性や苦味などが考慮されている。

　ケニアの民族社会では、果実の形態的特徴によって、器に用いるタイプ、食用とするタイプなど細かいグループに分けられる[4]。ある農家では、合計33種類のひょうたん品種と242個の果実があったほどだ（写真3-5）。日本でも、果実の形によって「千成」「大長」「鶴首」などと呼ばれてきた。

写真3-5　キツイ県ムスゥア（Mutha）村の農家によるひょうたん品種の分類風景

　首都ナイロビから東へ約160kmの東部地方に位置し、カンバ族が暮らすキツイ県（図3-1）では、ひょうたんは「キテテ」（kitete）と呼ばれ、現在でも日常生活で広く活用されている。

　キツイ県の面積は3万1000km²（岩手県の約2倍）で、5つに区分される[5]。南部のツアボ東国立公園が、全面積の約5分の1を

占める(群馬県とほぼ同じ)。5つの県と境界を接し、マチャコス県とはアシィ川、タナリバー県とはタナ川が県境となる。標高は300〜1800m、年降水量は140〜1050mmと変化に富む。キツイ県に住むカンバ族はケニアで5番目に人口が多い部族で、推定人口は約300万人である(2000年)。バンツー系の半農半牧民族だが、現在ではおもに農業を行う。

　形態的にユニークで、頑丈な殻を持つキテテの果実は、古くから食べ物や飲み物の器のほか、発酵器、楽器、芸術・装飾品、揺りかご、計量秤、柄杓、農具、漁具、医療具、パイプ、檻、罠、鳥の巣、養蜂具、植木鉢、帽子、玩具、祭礼・

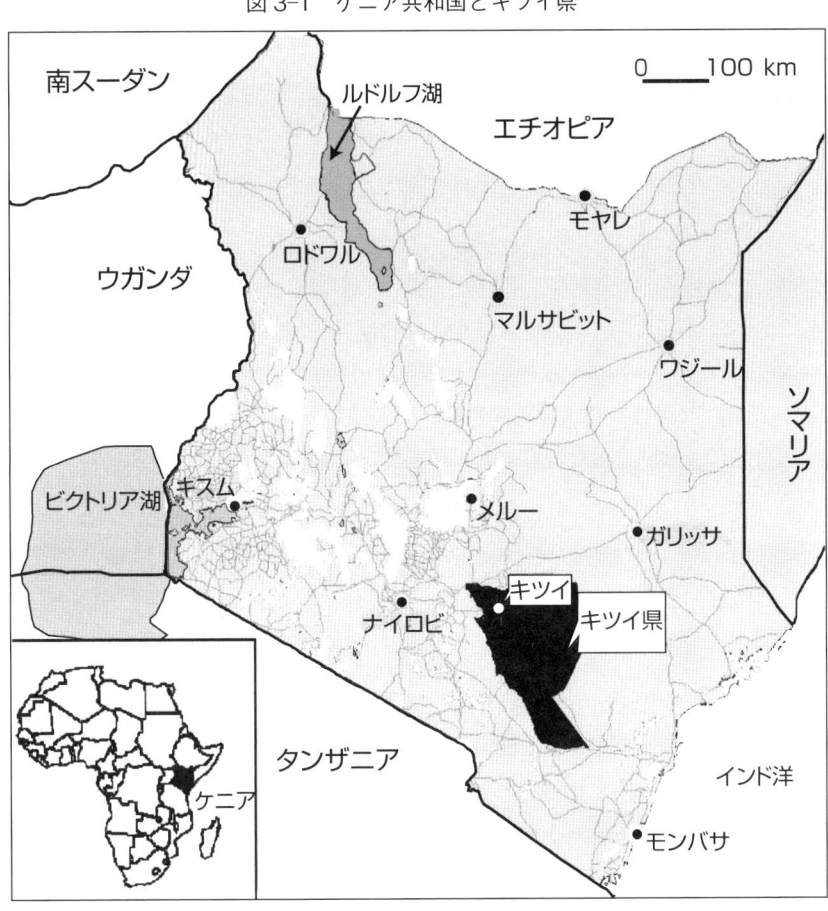

図3-1　ケニア共和国とキツイ県

儀礼具など多目的に利用されてきた[6]。若果実、若葉、つぼみ、新芽は、野菜として食べられる。種子は炒って食べるほか、油は料理にも使う[7]。また、神話、民話、言い伝えなどに多く登場し、民族文化における象徴性も非常に高い。

このように、キテテはカンバ族の生活に密接な関わりがある。一方で、多様な在来品種やその利用に関する記載はほとんどなく、口承によって次世代へ伝えられてきた。ただし、最近は近代化が進み、プラスチック製容器が安く入手できるようになるにつれ、キテテを利用する人びとが減り、利用習慣や文化の認識も衰退の兆しが強い。カンバ族にとって、キテテの多様性を失うことは、一つの在来作物品種の多様性を失うのみならず、民族文化の象徴を失うことであるともいえる。

カンバ族にとって、キテテの在来品種や利用情報は日常的なありふれたものだが、特定の機会になると必要になる資源と情報である。これらは通常、地域内の特定の個人によって維持・管理されており、住民に尋ねると、「どこどこの、だれだれが種子を持っている、または知っているので、聞いてみなさい」といった答えが返ってくる。

たとえば、水汲み用の大型キテテを牛皮のロープで結ぶ技術の場合、キテテで水汲みを行わない人であれば、知らなくても支障はない。しかし、水汲みをするときには非常に役立つ。ミルク、動物脂肪、タバコ、酒などの容器は丁寧に扱えば、一生涯さらに世代を超えて数世代にわたり利用される場合がある。キテテがひび割れたり壊れたときは、バオバブ（*Adansonia digitata*）やサイザル（*Agave sisalana*）の繊維を結った紐や乾燥した動物の腱で縫い合わせ、ユーホビア属（トウダイグサ科）やアカシア属（ネムノキ科）の樹液や蜜蝋で密閉する修繕技術がある（写真3-6）。現在では、この手法で壊れたプラスチック製容器を直す場合もある。

また、硬いキテテの殻の表面にエッジングによって模様を描くこともある（写真3-7）。キテテに描かれた動物が所有者を災いから守ると考えられ、女性から男性へのプレゼントとして贈られるケースが多い。

カンバ族にとって、キテテには以下の3つの価値があると考えられる。

①文化的価値

伝統的な食文化と深く結びついている。キテテに彫刻や装飾を施す、カンバ族独特の技法もある。カンバ族では、娘が結婚する際にキテテを2つ持たせる

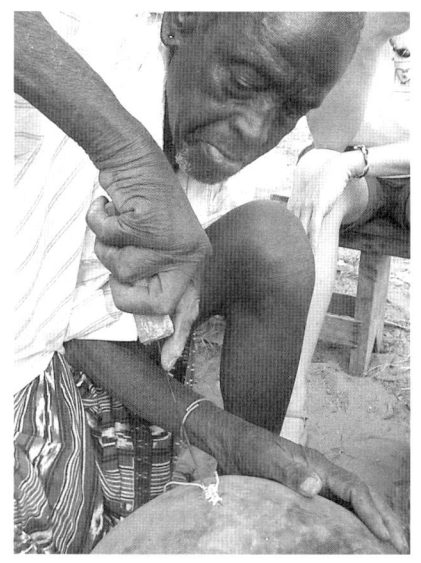

写真3-6　キテテの修繕技術　　　写真3-7　エッジングによる模様

のが慣わしだ。これには、多くの子どもに恵まれるようにという両親の願いと、生活に欠かせない水に困らないためという2つの意味がある。キテテの果実をもらった娘は、自分の嫁ぎ先の畑に種子を播く前に、両親の家の畑に、もらった種子を播かなければならない。これを怠ると、嫁いだ先の畑でキテテのみならず、すべての作物がよく育たないと信じられている。こうした言い伝えや習慣は、キテテがカンバ族の生活に果たす役割を象徴している。

②経済的価値

　器や道具として重要である。キテテが失われると、外部からこれらを購入しなければならない。地酒や雑穀を用いた粥（ポリッジ）を飲んだり食べたりする場合は、キテテの器が現在でも広く利用されている。また、装飾したキテテは民芸品としての価値が高い。なかでも、きれいにエッジング模様の入ったキテテは、ナイロビの市場でとても高価な値段がつく。

③生物多様性・環境的価値

　キテテやカボチャなどウリ科作物は、カバークロップとして土壌の流失を防ぐために利用される。プラスティックと異なり、捨てても環境を汚染しない。

3 キテテの多様性の保全と村落開発

1）在来品種の利用をとおした収入の向上

バイオバーシティはキツイ県のキテテの多様性と人びとの利用との関係に着目し、ケニア国立博物館のケニア伝統知資源センター(Kenya Resource Centre for Indigenous Knowledge: KENRIK)と連携。キテテの多様な在来品種と利用にまつわる伝統知の保全、伝統技術による付加価値の付与による栽培と販売の促進などを通じて、住民の収入の多角化と生活の向上に資するための村落開発活動を行った(2001年3月～2002年12月)。本章では、バイオヴァーシティの支援を通じて、キツイの住民グループが行ったキテテの保全運動——品種の収集、品種一覧の作成、利用情報の記録と共有、栽培・摂取・販売の拡大、多様性の保全、地域住民の収入源捻出——について紹介する。

バイオバーシティはこうした農村開発に結びつく地域研究をとおして、伝統農業によって維持・管理されてきた多様な遺伝資源の利用と保全を促し、農村開発に有効な概念と、その構築に必要な外部からの介入方法の開発に取り組んできた。そこには、土着の低利用作物群の多様性の特定と積極的な利用によって、コムギ、トウモロコシ、イネなど数種類の主要作物に著しく依存する構造を見直し、地域内における需要を拡大させつつ、生物多様性の持続的な保全・管理、地域住民の栄養源と収入源の安定化に貢献するねらいがある。

2）モデル地域と住民グループの特定

まず、キテテ保全の活動に内発的な意欲をもつグループをしぼりこむ必要がある。そこで、地域で活動するNGOや政府関係者から、植林用苗の繁殖や販売、マイクロファイナンス活動などに関して精力的に活動する農村グループを紹介してもらい、発足の経緯、活動の経歴、現状、問題点などについて聴き取りした。また、キテテの多様な利用と保全に興味をもつ住民に対する聞き込み調査を実施。参加者の意見を参考に、キテテ保全の活動の進め方と具体的な活動のリスト化を行った。

こうして、グループの認識と意思を確認する一方で、地理的な状況、地域政府の支援などを含めて総合的に評価し、特定されたのが、チャニカ女性グループである。グループは、植林のための苗木作りと販売、地域の女性教育を目的

表 3-1　住民団体の評価項目

項　　目	評　価　内　容
(1)問題の認識	問題点の列挙 問題解決への意欲
(2)活動の方向性と目的	問題の解決策 地域としての責任、方向性 問題解決に対するこれまでの取り組みと成果
(3)活動の特定	問題解決に向けた課題の列挙 住民主体でできる活動とできない活動の仕分け 技術的・資金的な課題の列挙 外部支援者の役割、仕分け
(4)責任、役割、利益の配分	課題に対する参加者の役割と責任の分担 期待される利益とその配分 活動費の計算と割り当て 時間的な流れ

に 1989 年に設立された。26 人のメンバー中 3 人は男性で、メンバーのおもな職業は農業である。

　チャニカ女性グループとは、活動の目的、活動項目、メンバーの役割、活動の流れ、支援分野の検討と方法、考えられる利益と分配、地域外からの訪問者の受け入れなどを細部にわたって話し合い、グループと外部支援者との間に共通理解を得ていく(表 3-1)。基本的には、メンバーと活動に参加する住民はボランティアとし、バイオバーシティなど外部からの支援者は、標本、情報の収集や共有を行うための活動費(給料を含まない旅費など)、機材、技術的なトレーニングなどを最低限の範囲で支援することで合意した。

3) 住民主導による在来品種と利用知識の収集

　キツイ県内外にチャニカ女性グループのメンバーを派遣し、異なるキテテの種子、果実、民芸品を収集していく。すべての収集品は、派遣メンバーの利用をふまえた価値観で選ばれた。村落開発活動の期間中に 25 回の収集を行い、県内の 12 の地域と近隣する 4 つの県から、約 30 あまりの在来品種(250 系統の果実と 10kg の種子)を採集。採集品種は系統別に細別し、地域内の集積所(キテテ博物館)に保存・展示した。以下、グループの活動を紹介しよう。

　①収集場所、形態的な特徴(柄や果実本体の割合、曲がり具合、大きさ、用途、殻の厚み、果実表面の状態などを含む)、栽培管理の技術(播種の方法を含む)、利

用方法などを記載し、利用者が必要な品種を簡単に選べるように工夫した。

②種子の量が少ない系統はメンバーやその親戚など近隣する農家に栽培してもらい、種子増殖を行い、より多くの農家に配布。採集の際には品種の利用や栽培の特徴を記録する一方で、彼女たちが栽培してきた品種や在来作物の種子を渡して交換した。

③地域内でキテテに関する伝統知識や技術をもつ人材(キテテ専門家)を特定し、利用にまつわる伝統技術、民謡、童話などを含む知識を記録していく。聴き取りでは、直接訪問に加えて、住民集会や定期市といった日常的な機会を利用した。記録手段は基本的に筆記と観察だが、民話、民謡、ことわざ、詩、踊りなどはデジタルカメラやテープレコーダーを活用。この結果、61通りの利用法、1000枚を超える記録写真、90分の録音テープ16本におよぶ情報を記録した。こうした言い伝えを信仰する者は現在も多いが、科学的根拠が乏しく、若者は無関心である。

④専門家を村に招聘し、技術の習得と向上のため、メンバーをはじめ地域住民に対し、キテテの修繕、表飾、牛皮のロープ結び、水汲み技術の研修を行った。

一方、収集したキテテの品種や記録テープの仕分け、ラベル付け、デジタル写真の管理、写真の説明書き、英語への翻訳などの情報管理には、外部支援者の助けが必要であった。その背景には、チャニカ女性グループのメンバーにカンバ語を書く習慣がない、教育水準が小学校レベルでありスワヒリ語や英語などでの表現がむずかしい、電気が村にないためテープレコーダーやデジタルカメラなどの電気器具に不慣れである、などの理由がある。その傾向は、とりわけ年配のメンバーに顕著であった。こうした問題を少しでも克服するため、年配のメンバーと若いメンバーとでペアを組み、採取や情報の収集に取り組んだ。

4) キテテ博物館の設立と活動

チャニカ女性グループは、収集したキテテ品種や情報の集積所、メンバーの活動拠点、地域住民に情報や活動を広める広報センターとして、キツイ町の郊外約3kmのチャニカ村に、キテテ博物館を2001年8月に設立した。グループのリーダー、ジェミマ・キモニ女史(写真3-8、後ろ右から2番目)の納屋を改造したシンプルな建物だ。

土焼きした赤レンガにトタン屋根で、一見するとこの地域の平凡な農家の納屋であるが、内部にはキテテの種子や果実がところと狭しと貯蔵・展示されている。キテテの博物館としてはおそらくアフリカで唯一であり、もっとも多様な種類のキテテ品種が集められた場所である。キツイ県内はもとより、県外や海外からの訪問者も多い。訪問者リストには、政治家やケニア在留アメリカ大使の名前もあった。

写真3-8　キテテ博物館の内部

　また、種子や関連情報を提供する種子・情報センター(シードバンク)としての役割も果たしている。種子の利用者は、収穫後、数個の果実を乾燥させてセンターに返さなければならない決まりである。チャニカ女性グループでは栽培方法や利用方法のみならず、希望があれば、記録したテープの公開、地域の専門家や長老を招聘する談話会、民芸品や生活用品の製作、装飾やエッジングなどの技術の実演トレーニングを行う。さらに、地域の集会所や小学校の授業にも利用される。

　運営費はキテテを加工した民芸品、Tシャツ、訪問者に対する郷土料理の販売を通じて捻出し、メンバーが積極的に博物館の活動や運営に専念できるように配慮してきた。得られた収益は製作者の収入になる一方で、一定歩合をチャニカ女性グループの利益にして、博物館の管理や活動費としている。

　ケニア政府はこうした成果を重視し、チャニカ女性グループに対して2004年度の「もっとも優れた農村地域の新たな収入創出活動賞」(全国賞)を与え、キツイの市街地に小さな土地を提供した。グループでは得られた収益金を活用し、2つの地域に新たに種子・情報センターを設立し、事業の拡大を行っている。インターネットやメールを活用したキテテの販売も行っていきたい意向である。

4 情報の共有と普及

1）キテテの多様性の保存に対する認識の高まり

　チャニカ女性グループが収集した記録テープ、写真、博物館、さらにメンバー個人の経験などのすべてが、この活動から得られたものである。グループは博物館の訪問者に対して、キテテの多様性を紹介し、収集したキテテに関する民謡、童話、ことわざ、歌、言い伝えなどの情報を、希望があれば無料で公開している。村落開発活動期間中には、地域住民に記録した情報を普及するため、5回の地域セミナーを開催するとともに、専門家からトレーニングを受けた2人のメンバーを近隣する4つの県に派遣し、2日間のキテテセミナーを開催した。

　こうしたセミナーでは、キテテに関する伝統技術の実演、技術のスピードやできあがりの質を競う大会、劇やドラマの演出、伝統作物の多様性フェア（seed & fruit fare、写真3-9）、品種の展示・交換・販売が行われる。キツイでケニア国立博物館と共催したセミナー（2001年8月）には、100人を超える近隣農家と80人を超える外部団体からの参加者（博物館の所長、地域の政治家、NGO、ジャーナリストなど）があった。これらをとおして、参加者のキテテの多様性の保存への認識と利用への興味は高まり、地域外の人びととの交流を通じてメンバーの経験と視野も広まっていく。

　他方、バイオバーシティやケニア国立博物館などの支援団体は、キテテ品種の特徴、伝統名、利用技術などの学術的な調査と情報の整理、チャニカ女性グループが記録した情報のテープ起こし、英文への翻訳、わかりやすい説明文の追記などを行った。この支援によって、グループは地域内外のセミナ

写真3-9　多様性フェアでは、多様な種類の種子や果実を農家が持ち寄り、品種の販売や交換を行った

ーなどで、小冊子やコンピュータによるプレゼンテーションを活用して、国内外の人びとにキテテの多様性の保全の取り組みや経験を伝えられたのである。

チャニカ女性グループは活動を支援した外部団体に自らの情報を積極的に公開・共有した結果、2004年末までに国内学会に15回、国際学会に6回招待された。また、遠方からの訪問者や国内外のメディアによる取材を受けることで、プロジェクト活動に参加したメンバーや地域住民内の結びつきが深まり、キテテの多様性の保存に対する意思もより高まっていく。

2) 伝統知の尊重と課題

バイオバーシティではチャニカ女性グループが得た情報の知的所有権の保護を目的に、伝統知ジャーナル（Traditional Knowledge Journal: TKJ）の手法を用い、情報の管理と共有を試みた。伝統知ジャーナルの手法は、現在または将来の世代のために、地域住民主導で特定の知識を記録して地域内外に共有する概念で、Quekら[8]によって提案された手法である（図3-2）。それは、外部者が住民主導による伝統知の記録を支援する活動から始まる。そして、記録した情報を研究者などの外部者が利用する場合は、住民の許可を得たうえで翻訳し、情報源を明確に記載する。

これまでは、外部からやって来る研究者が情報提供者（農家など）を訪れ、対話やインタビュー調査によって伝統知を記録し、科学的根拠に基づいた解釈を研究論文として提供してきた。研究者は情報提供者を論文などの謝辞で記載するが、他の研究者がこの情報を引用した場合は本来の提供者が再び謝辞で記載されるケースは少なく、情報源の軌跡をたどることはむずかしい。また、キテテに関する伝統知は口承や経験を通じて次世代に伝えられていく。伝統知を熟知する提供者は高齢であり、文字を書くことに抵抗がある場合も多い。情報の記録による恩恵を情報提供者が受けられなければ、収集される伝統知は搾取されたとみなされるであ

図3-2　伝統知ジャーナルの手法の概念図

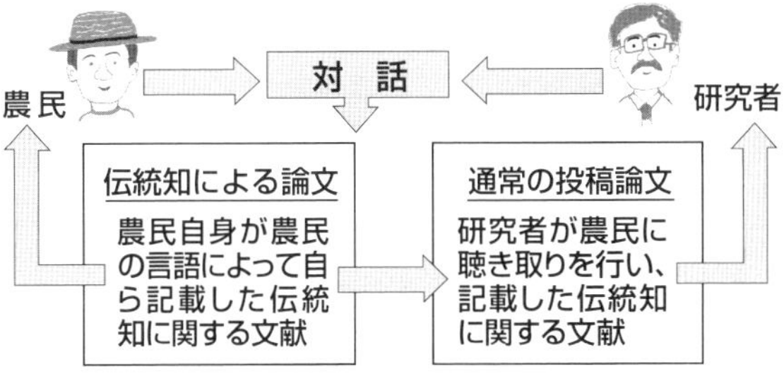

ろう。

　伝統知ジャーナルの手法は、既存の手法で調査を行ってきた研究者にとっては時間的・資金的に二度手間で、短期的な調査では利益が少ない。しかし、長期的な視野で考えると、多くの人びとの参加によって質の高い情報が持続的・効率的に得られ、地域が自らの意思で伝統知を記録・管理・利用することになる。情報が地域内で管理されれば、提供者が同じ情報を繰り返し研究者に説明しなくてもよいし、研究者にとっても情報収集の時間短縮につながる利点があるといえる。

　以下に、伝統知の所有権をめぐって妨げになっている主要課題と、既存の科学情報の引用システムと同様の制度を応用することによる有利な点を整理してみたい。

　まず、伝統知の所有権をめぐって妨げになっている主要課題は、以下の５点である。

　①通常、研究者が発表する論文や成果物は研究者にとって有利な言語で書かれるから、地域住民が情報を利用するのは不可能である。研究者が活動を終えるときに、地域のためになるように情報を現地語に翻訳して還元することはない。

　②科学的な補足がある伝統知は稀である。ある場合も、情報は地域に還元されない。

　③論文などで紹介される伝統知は、研究者の解釈によるもので、原文に戻って解釈し直すことはできない。

　④伝統知の多くは記録が整理されておらず、一次資料は入手できない。

　⑤真の情報提供者の特定がむずかしい。

　次に、伝統知ジャーナルの手法の利点としては何があるだろうか。

　①論文で使用した情報源は、研究者をはじめ、地域住民にとって再利用可能である。

　②伝統知の利用と利益配分も、遺伝資源の利用と利益配分をめぐる問題と同様な指標で議論できる。

　③伝統知の記録は科学的知識の記録システムと同じ問題を共有するため、既存の研究者の概念で知的所有権を適用できる。

　④伝統知の記載や引用が増えれば、伝統知も科学的な情報と同じような価値

のある情報として認識されるようになる。

5　村落開発活動から得られた経験と地域の変化

　2002年12月に村落開発活動が終了して10年近く経過した現在でも、チャニカ女性グループのメンバーによって、キテテ博物館に隣接するグループメンバーの圃場には、器用・食用の多様なキテテ品種が毎年植えられている。この活動は7000ドルという小規模な農村開発事業であったが、以下のような重要な成果が得られた。

　第一に、地域住民に与えたもっとも大きな成果は、チャニカ女性グループのメンバーをはじめ活動に参加した地域住民が得た経験である。メンバーたちが地域内外の異なる住民団体と関わり、種子や情報を交換したことは、彼女たちの視野を広げ、保全に対する意識を高めた。そして、キテテという地域固有の資源を活用し、加工や装飾を施した民芸品の販売で得られた収入は、彼女たちの多様性保全に対する意欲を高めると同時に、活動の持続性に貢献したと考えられる。地域資源の活用は、地域の個性と民族としての独自性を守る住民の内発的な意識の助長につながったといえる。

　第二に、活動の原案はチャニカ女性グループによって用意され、支援パートナー（ケニア国立博物館とバイオバーシティ）が具体的な内容を補足したことである。支援パートナーは活動調整のための会議に出席し、補足項目の内容、全体の目的、方向性、流れを具体的に説明し、それぞれの役割と責任の分担、利益の配分、支援項目と経費などを明確にした。この作業に十分時間をかけたことが、外部からの支援者や研究者と地域住民とのつながりのなかで活動し、問題を住民自らの力で解決していくという認識を強固にしたのである。

　グループと支援パートナーとの頻繁な連絡や打ち合わせは、活動のあらゆるステージで重要であった。また、現地出身の調整員の手配や現地語の利用など地域の文化的な側面を考慮した外部からの細かい配慮は、活動を成功させるうえで大切な要素である。

　第三に、伝統知や伝統技術は所有者の同意のもとに共有が可能であった。伝統技術は通常、地域の限られた個人によって維持・管理されている。とくに、信仰や薬草などに関わる情報へのアクセスは困難であることが多い。これに対

して、種子の交換会や多様性フェアなど地域イベントの開催、キテテ博物館による情報の発信は、地域全体が情報の共有によって得られる利益を示した。また、伝統技術に興味がある若者にとって、そうした技術を伝えたいと考えている老人との交流を促す機会も提供したのである。

地域イベントの開催は、既存の集会や定期市など人びとが集まる機会を活用し、支援者とって資金的な負担が生じないように工夫した。キツイ県の伝統的な地域集会は、雨乞い、作物の播種、収穫祭、結婚式などに代表される。アジア地域では現在でも比較的みられるが、アフリカでは植民地化政策などによってこうした伝統的な習慣が消えてしまった地域も多い。また、ラジオ、テレビ、新聞による取材や他地域からの訪問者は、チャニカ女性グループのメンバーの活動に対する自信とキテテの多様性の保全に対する意欲を高めることに貢献した。

第四に、キテテ利用の知識や技術の欠落は、作物種やそれらの地方品種を消滅させる一つの原因である。テープレコーダーやデジタルカメラや伝統知ジャーナルの手法は、伝統作物の利用やそれにまつわる情報（口承によって代々伝えられてきた情報、民謡、民話、詩などを含む）の記録に役立った。一方で、チャニカ女性グループの取り組みでは、記録したテープの管理、テープに含まれている情報の明示、特定の情報へのアクセス、情報のデジタル化、スワヒリ語や英語などへの翻訳などを含むグループ内部では解決できない問題も、明確化した。この作業は、とくに情報を地域外に持ち出す場合や、形に残すことが必要な場合に重要と考えられる。

この点については、外部パートナーの支援が大きく求められる。近年、急激に普及している携帯電話やデジタルカメラなどによる情報の記録や共有がさらに加速することによって、誰でも簡単に情報の記録・再生・編集・共有が行えるようになるだろう。同時に、識字率など基礎的な教育水準の向上が期待される。

このほか、住民主導による遺伝資源の収集や保全、農村開発活動は、キツイ県による伝統葉物野菜の普及活動、さらにマレーシアにおけるココヤシやサトウヤシの在来品種の保全活動、中国・雲南省の在来作物品種の伝統知収集事業にも応用され、成果を収めた。

（1） 1974 年に設立された、植物遺伝子資源の保全・利用に関する国際的な研究機関。国際農業研究協議グループ（CGIAR）のセンターの一つ。本部はローマで、世界 5 カ所に地域事務所をもつ。詳しくは http://www.bioversityinternational.org/ を参照。
（2） Heiser, C. B（1979），*The gourd book: a thorough and fascinating account of gourds from throughout the world,* Univ. of Oklahoma Press, Norman, Oklahoma.
（3） Maundu, P. M. and Y. Morimoto（1996），Interdependence of cultural and biological diversity: the case of the common gourd（Lagenaria siceraria）(Abstract) In: 5th International Congress of Ethnobiology, Ethnobiology and Conservation of Cultural and Biological Diversity, pp. 13, Nairobi, Kenya.
（4） 森元泰行（2004）「ケニアにおけるヒョウタン（*Lagenaria siceraria*（Molina）Standley）の多様性に関わる遺伝的・文化的要因の解明」東京農業大学博士論文。
（5） A. van Loon and P. Drooger（2006），Water Evaluation And Planning System, Kitui – Kenya. WatManSup Research Report No 2, Wageningen, the Netherlands.
（6） Heiser, C. B.（1973），Variation in bottle gourd. In: B. J. Meggers, E. S. Ayensu and W. D. Duckworth eds., *Tropical Forest Ecosystems in Africa and South America: A comparative review,* Smithsonian Institute Press, Washington, D. C. 湯浅浩史（1988）「ヒョウタンの世界」『大塚薬報』423 号，32 〜 38 ページ。鄭耀星（1990）「ヒョウタン（Lagenaria siceraria）の民族植物学的研究」東京農業大学博士論文。
（7） Widjaja, E. A. and M. E. C. Reyes.（1994），*Lagenaria sicerara*（Molina）Standley, pp. 190-192. In: Plant Resources of South-East Asia 8, Siemonsma, J. S. & Kasem Piluek edit. Bogor, Indonesia. Maundu, P. M., G. W. Ngugi and C. H. S. Kabuye（1999），*Lagenaria siceraria,* In: Traditional Food Plant of Kenya, pp. 156-157, Kenya Resource Center for Indigenous Knowledge（KENRIK），National Museums of Kenya, Nairobi.
（8） P. Quek, R. Manuring, M. Naming, P. Eyzagirre, Y. Morimoto, P. Maundu, Z. Zongwen（2009），The Traditional Knowledge Journal（TKJ）methodology empowers community to document their traditional knowledge, Poster presentation in Knowledge Share Fair for Agricultural Development and Food Security, held at FAO Headquarters on January 20-22, 2009.

第4章 農家は作物の品種をどのように選んでいるのか
——ブルキナファソで外部者が学んだこと

西川芳昭・槇原大悟・稲葉久之・小谷(永井)美智子

1 調査・実験にあたっての背景

　サブサハラアフリカ(サハラ砂漠以南のアフリカ諸国)における作物育種では、近年、農民に必要とされる品種の開発・導入を目的として、農民参加型手法が頻繁に採用されてきた。しかし、農民の意思を反映させようと意図するこの手法においても、多くの場合は外部からの改良品種導入を前提とし、外部関与者によって農民の参加が促進されている。

　こうしたアプローチでは、地域に存在する多様な在来品種を維持管理してきた農民の知恵や社会的メカニズムといった社会的能力を外部関与者が十分に把握するのは困難である。導入された作物品種が現地の農民に受け入れられないことも多い。また、地域固有の在来品種が失われ、品種選択の幅が狭まることにより、農民の自然的・社会的リスクに対する脆弱性が増大する危険性もある。

　本章では、近年、種子法が制定され、改良品種の優良種子普及が推進されているブルキナファソの農村を事例として、現地の農業・農村の特徴と農家の作物品種選択基準との関連を農学的・社会学的観点から分析する。あわせて、農家の作物品種選択に関わる社会的環境管理能力を外部者が知るための方法論について検討する。

　本書は基本的に社会科学の視点から農業の生物多様性について議論しているため、実際に実験を行って得た知見について述べている章は少ない。これに対して本章では、ブルキナファソにおいて、農家が自分たちの作りたい作物・品種を作ることができる制度づくりを目標にした介入を行いつつ、具体的な実験を通じて農家とともに作物を育て、農家の人たちが考えていることを私たちが知る過程と、そうしたやり取りを通じた農家の人たちの社会的環境管理能力構築について調査した結果を報告する。

2　調査研究の経緯・目的・体制

途上国における有用技術と、大学との連携の可能性

　国際協力機構(JICA)農村開発部では、途上国における協力の効果を上げるための取り組みとして、「途上国における有用技術及び大学との連携可能性検討調査」を 2007 年 2 月から実施してきた。そこでは、国内の大学が実施中か、実施に関心をもつ試験テーマや課題で、途上国に適用可能と考えられる技術が有用技術として選定される。そして、JICA と大学とが連携した協力活動の実施可能性が検討された。

　調査の結果、途上国の事象や文物を対象にする大学研究者の数はそれほど多くないことが明らかになった。これは、一般的に大学の研究者の指向が先端的な研究にあることを示している。また、こうした指向は、自然科学系の研究に顕著である。一方、途上国の農漁村を対象として、社会科学系の研究を行っている研究者は比較的多い。しかし、有用技術という側面では、行政サービス提供のアプローチ、家計や地域社会の社会経済プロセスに対する外部者による介入や援助の方法といった、投資と産出の関係がつかみにくい技術が一般的に多い。そのような技術の実効性を実証試験で証明する場合、社会経済的インパクトを明確に測定できる試験設計上の工夫が必要になる。

　サブサハラアフリカでは、地域固有の伝統品種や在来品種と呼ばれる品種の収量は必ずしも多くない。それでも、人間の食料になると同時に茎葉部や穂が家畜の飼料になるソルガムの特別な品種のように、地域住民の生活や伝統文化のなかで利用されることによって維持・管理されている多様な品種が栽培され続けてきた。日本人になじみの深いオクラも、ブルキナファソではスープに入れる大きなものから妊産婦に与える薬用のものまで存在する。

　これらの遺伝資源の多様性は、同じ種内においても用途に応じて異なる品種が利用されることによって保全されている。しかし、こうした伝統品種は、農民による持続的利用の動機および社会的メカニズムが地域内外の研究者や農業普及関係者に十分に理解されてこなかったため、近年では生産性の高い作物種や改良品種に置き換えられてきた。

　また、最近の開発学の潮流を取り入れた農民参加型の実証試験においても、

外部からの改良品種や新技術の導入が前提となっている。外部関与者によって農民の参加が促進（ファシリテート）されるのは、開発プロジェクトの予算がある場合に限られる。このようなアプローチでは、地域に存在する多様な在来品種を維持管理してきた農民の知恵や社会的システムが開発援助関係者を中心とした外部者に把握されることは少ない。

　ブルキナファソでは、現在でもソルガム、トウジンビエ、ササゲの多様な在来品種が栽培されている。これらの収量は必ずしも高くないが、地域住民の生活や伝統文化のなかで利用されることによって維持・管理されてきた。このような状況のもとで近年、国連食糧農業機関（FAO）の協力によって種子法が制定され、優良種子の生産・配布システムの整備に関するJICAの技術協力プロジェクトが行われている。ブルキナファソ政府の方針は、農家が伝統的に栽培してきた在来品種を改良品種に置き換え、農業の近代化を進めるというものである。これは、改良品種を利用しないのは農家の知識と技術の不足によるという認識に基づいている。

　だが、ブルキナファソの農家がどのような戦略で農業を営み、なぜ在来品種を生産し続けているのかは、明確に示されていない。このため、技術移転や知識の伝達によって、改良品種が農家に受け入れられるようになるのか不明である。また、知識や技術をもっているとみなされている外部者によってもたらされる近代農業や改良品種のむやみな導入によって、地域固有の在来品種が失われ、品種選択の幅が狭まる。その結果、農民の自然的・社会的リスクに対する脆弱性が増大する危険性もある。

調査の実施体制

　そこで、ブルキナファソにおける農業の特徴と農業技術に対する認識を明らかにするとともに、現地におけるもっとも一般的な作物であるソルガム、トウジンビエおよびササゲに関する品種選択の実態把握を目的に、現地農家を対象とするアンケート調査[1]を実施する提案を行った。この提案はJICAが実施するプロジェクト研究に採択され、2008年2月から準備が始められた。そして、2008年4月から2010年5月まで約2年2カ月にわたって調査が実施された。実施体制の概要は以下のとおりである。

　①日本側では、名古屋大学大学院国際開発研究科と名古屋大学農学国際教育

協力研究センターが、信州大学農学部研究者の協力を得て、調査研究を計画・管理。

②現地実証試験は、ブルキナファソ環境農業研究所(Institut de l'Environnenent et de Recherches Agricoles: INERA)とワガドゥグ大学の研究者が調整役となり、環境農業研究所の農業技官と助手が中心となって実施。

③ベビートライアル(下記)協力農家には、提供された労働などに対して収穫物を提供する harvest for work の形で、伝統品種栽培から得られる程度の収穫を保障。

④現地実証試験のうち農家への詳細な聴き取り調査は、青年海外協力隊短期派遣の制度を利用し、2年間でのべ5名の隊員が参加。

農民参加型の品種選択

第一年次には、ブルキナファソの北部と中部と南部の3カ所で、実際に作物を栽培しながら、農家に参加型品種評価を行ってもらう実験を実施した。実験を厳密に行おうとするならば、慣行農法と政府が勧める推奨農法を細かく分析し、比較していかなければならない。だが、そのような実験を組むのが非常にむずかしいため、化学肥料を使用する実験区と使用しない慣行農法(対照区として設置)の2実験区のみを設定した。

村内に1カ所ある農業技官が管理する畑(マザートライアルと呼ぶ)には在来品種と改良品種を各4品種植え、慣行農法で農家自身に作ってもらった畑(ベビートライアルと呼ぶ)には在来品種と改良品種各2品種を配布した(図4-1)。このような実証を通じて、実際に作物を栽培するなかで、農家がどのような観察をして品種の

図 4-1 調査・実験デザイン

普及員による推奨農法
(化学肥料使用) ／ 慣行農法

マザートライアル
集落内の展示圃場で8品種(在来4・改良4)を2水準の農法で実施

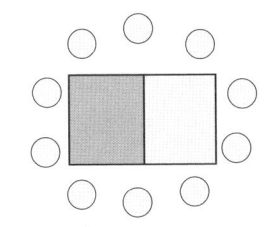

ベビートライアル
マザートライアル周辺の10カ所(図の○印)で4品種(在来2・改良2)を慣行農法で農家の管理のもとに栽培

表 4-1　農学・社会科学的データを結び付けて評価

従来	目的	本調査
新技術・品種の効率的導入	目　的	既知／未知の技術・品種に対する認識・受け入れ方を引き出す
導入すべき対象	改良品種の位置づけ	多様性の増大
【農業】＞【社会】	入手する情報量	【農業】＜【社会】
研究者・普及員　➡　農民	情報の流れ	研究者・普及員　⬅　農民
指導的(教師)	普及員の態度	聞き役(ファシリテーター)

比較を行うかを実験者(外部者)が学ぶ調査である。

　なお、マザー・ベビートライアルの手法は、国際半乾燥地農業研究所や国際熱帯農業研究所などがすでにほぼ確立している。ただし、一般には品種を導入するために使われる場合が多く、各研究者や普及員が農家に技術を知らせることを目的としている。筆者らの実証試験は、改良品種も含めた形で多様性を提供し、対象地域の品種の多様性を増大することが目的であり、特定の品種の導入を目的とはしていない。また、研究者が技術や情報を普及するのではなく、どちらかと言うと農家から研究者や普及員が情報をもらうことを目的とした(表4-1)。したがって、手法・実験区のとり方は確立した方法ではあるが、調査の目的は異なっている。

写真 4-1　多様なソルガム品種が栽培されている畑（ベビートライアル）

　参加型遺伝資源管理にはさまざまな形態がある。今回は農民参加型品種選択(Participatory Variety Selection: PVS)を採択した。農民が既存の品種を評価し、彼ら自身の評価基準によって自然環境や社会環境(市場ニーズへの対応、労働力の過不足、他の作物との兼ね合いなど)に最適の品

種を選択する過程を観察できると考えられる。

さらに詳しく調べるために、第二年次には3カ所の村において、第一年次と同様に、化学肥料を使用する実験区と慣行農法（対照区）の2実験区の圃場を設営した。各村に設置した農業技官が管理する畑（マザートライアル）では、自給作物的色彩の強いトウジンビエまたはソルガムと、商品作物的色彩の強いササゲの在来品種と改良品種を各4品種ずつ栽培。ワークショップ形式（Ten Seeds）で農家に品種の優劣を評価してもらった。ワークショップは播種直後・生長期・出穂期または開花期の3回行い、同じ農家に同じ質問をしている。こうした実証を通じて、実際に作物を作るなかで、農家がどのような観察をして品種の比較を行うかを実験者（外部者）は学ぶことができた。

3　ブルキナファソ農業の概要とアンケート調査の方法

1）ブルキナファソ農業の概要

ブルキナファソは、西アフリカ中央部、サハラ砂漠南縁部に位置する内陸国である。国土面積は27万764km^{2}で、その大半は海抜250〜300mの起伏に乏しい高原状の地形を呈する。南西部の年間降水量は1000mmを超えるのに対して、砂漠化が進行している北部はサヘル地帯に属しており、250mm程度である。概ね11〜5月は乾季で、3〜5月に気温が上昇し、暑くなる。雨季は6〜9月である。人口は約1630万人で、1人あたりのGDPは約1200ドル（2010年）。人口のほぼ半数が貧困層に属する、後発開発途上国である。

労働人口の約90%が農業に従事する農業国であるが、小規模な自給自足農業や伝統的な牧畜業が中心で、生産性は低い。GDPに占める農林水産業の割合は約30%にすぎない。おもな農作物は、ソルガム、トウジンビエ、ササゲ、メイズ、落花生、綿花などである。穀物は基本的には自給作物として栽培されており、余剰が出た場合に換金される。綿花は主要輸出品のひとつだが、旱魃と痩せた土壌が農業生産上の主要な問題である。畜産も盛んで、ウシ、ヒツジ、ヤギ、家禽類が生産され、国内で消費されるほか、重要な輸出品ともなっている。

2）アンケート調査の方法

アンケート調査の目的は、ブルキナファソにおける農業の特徴と農業技術に

対する認識を明らかにするとともに、現地におけるもっとも一般的な作物であるソルガム、トウジンビエおよびササゲに関する品種選択の実態把握である。調査は、農業生態系の異なるポベ・メンガオ(Pobé-Mengao)、トゥグリ(Tougouri)、キオグ(Kiougou)の各地区において、2008年10月に実施した。ポベ・メンガオは北部のサヘル地帯に位置し、年間降水量は400～500mm程度である。中部に位置するトゥグリは500～600mm程度、南部に位置するキオグは800～900mm程度と相対的に多い。

　各地区において、農民参加型研究の実施経験がある村とない村を同定し、調査対象とした。調査にあたっては、各地区の環境農業研究所の農業技官の協力を得ている。農業技官が調査対象村のマザー・ベビートライアル参加農家および無作為に抽出した非参加農家を訪問し、調査を実施した。世帯情報、営農形態、作物品種と品種選抜基準のランキング、農業普及、農業技術に対する認識などに関する質問項目を設け、89名(女性11名)の農民から回答を得た。回答者の年齢層は、20代5.6%、30代19.1%、40代28.1%、50代24.7%、60代12.4%、70代9.0%、80代1.1%で、平均年齢は49歳である。

　回答者のうち、農民参加型研究実施経験のある村の回答者は46名、経験のない村の回答者は43名、マザー・ベビートライアル参加農家は51名、非参加農家は38名であった。教育レベルについては、正規の教育を受けていない者(46.1%)がもっとも多く、小学校は18.0%、その他は2.2%である(無回答が33.7%)。世帯あたりの人数は、平均15.5名であった。

4　農学的観点から見たブルキナファソ農家の品種選択

1) 調査対象地域の農業の特徴

　乾燥が厳しく、人口密度の低い北部のポベ・メンガオでは、1世帯あたりの農地面積が広く、耐旱性の強いトウジンビエをおもに栽培していた。他方、中部のトゥグリと南部のキオグでは、ソルガムとトウジンビエの作付面積は同程度である。ササゲの作付面積は、いずれの地域においても3種の作物の中で最少で、ソルガムとトウジンビエを合わせた作付面積のおよそ3分の1～4分の1程度であった[2]。

　降水量の多い南部では97%の農家が輪作を実践していたが、降水量が少な

い地域ほど輪作は実施されない傾向にある。中部の実施農家は60％、北部では38％であった。これは、降水量の比較的多い地域ほど農業の集約化が進んでいるのに対し、降水量の少ない地域では人口密度も低く、何年間か土地を休ませた後にまた作付けして利用する「休閑」がより一般的なためである。

　また、北部では、ウシ、ヤギ、ヒツジの保有数が中部・南部よりも多かった。降水量の少ない北部は旱魃のリスクが高く、作物生産だけで生計を維持することが困難な条件にある。したがって、牧畜に対する依存度を高めてリスク分散を図っているものと考えられる。一方、家禽類については、南部の農家の保有数が多い。

　北部と中部の農家の約86％が化学肥料をほとんど使用しておらず、「常に使用する」と回答した農家はいなかった（表4-2）。生活に余裕のない農家は、肥料や農薬を借金で購入し、収穫物で返済することが一般的である。旱魃が発生すると、肥料や農薬などに投資した金額や農作業にかかる労力に見合った収量が得られなくなる。このため、高い収量が期待できなくても、肥料や農薬の使用を控えて、旱魃発生時の損失を抑えていると考えられる。他方、旱魃リスクの少ない南部では、化学肥料の使用率が高く、「常に使用する」と回答した農家が33％存在し、化学肥料をまったく使わない農家の割合は30％であった。

　堆肥についても南部ほど使用率が高く、87％が「常に使用する」と回答した。中部と北部の農家も半数以上が「頻繁に使用する」「常に使用する」と回答している。

　農薬の使用状況は、地域によって大きく異なる。比較的旱魃リスクの少な

表4-2　ブルキナファソにおける化学肥料、堆肥、農薬の地域別使用状況

使用頻度	化学肥料			堆肥			農薬		
	北部	中部	南部	北部	中部	南部	北部	中部	南部
常に使用する	0%	0%	33%	31%	47%	87%	17%	27%	67%
頻繁に使用する	10%	0%	0%	34%	7%	0%	21%	0%	0%
ときどき使用する	3%	13%	23%	17%	23%	13%	17%	17%	7%
まれに使用する	55%	20%	0%	17%	13%	0%	31%	10%	0%
まったく使用しない	31%	67%	30%	0%	0%	0%	14%	47%	23%
無回答	0%	0%	13%	0%	10%	0%	0%	0%	3%

注：回答者数は、北部29名、中部30名、南部30名。

い南部では67%が「常に使用する」と回答し、「まったく使用しない」と回答したのは23%であった。中部では、「常に使用する」が27%であるのに対して、「まったく使用しない」が47%と多い。一方、北部では、「常に使用する」17%、「頻繁に使用する」21%、「ときどき使用する」17%、「まれに使用する」31%、「まったく使用しない」14%と、回答はさまざまであった。これは、北部では、ササゲ種子の請負生産を行っている農家と自給用作物の生産に従事している農家が混在していることに起因するであろう。前者は頻繁に農薬を使用し、後者はほとんど使用していないと考えられる。

2）農業技術に対する認識

近代的作付体系に対する認識は、いずれの地域においても非常に好意的である（表4-3）。「優れている」と回答した農家の割合は、北部93%、中部97%、南部83%であり、「劣っている」と回答したのは、南部の1名（3%）だけであった。他方、伝統的作付体系については、地域によって認識が異なる。「優れている」と回答した農家の割合は、北部41%、南部33%、「中くらい」は北部45%、南部47%、「劣っている」は北部14%、南部7%であった。しかし、中部では、「優れている」と回答した農家は3%だけで、「中くらい」が43%、「劣っている」が53%である。

このように、近代的作付体系は総じて好意的な見方をされている。一方で、伝統的作付体系は、北部と南部においては比較的肯定的に認識されているものの、中部においては否定的に捉えられていた。

改良品種に対する認識も、いずれの地域においても非常に好意的である（表4-4）。「優れている」と回答した農家の割合は、北部97%、中部97%、南部80%で、「中くらい」および「劣っている」と回答した農家はいなかった。一方、在来品種に対する認識は、伝統的作付体系と同様、地域によっ

表4-3 ブルキナファソにおける伝統的作付体系と近代的作付体系に対する認識の地域による違い

農家の認識	伝統的作付体系			近代的作付体系		
	北部	中部	南部	北部	中部	南部
優れている	41%	3%	33%	93%	97%	83%
中くらい	45%	43%	47%	7%	0%	0%
劣っている	14%	53%	7%	0%	0%	3%
分からない	0%	0%	10%	0%	3%	7%
無回答	0%	0%	3%	0%	0%	7%

注：回答者数は、北部29名、中部30名、南部30名。

て異なる。北部では「優れている」55%、「中くらい」41%、「劣っている」3%、南部では「優れている」63%、「中くらい」27%である。しかし、中部では、「優れている」10%、「中くらい」13%、「劣ってい

表4-4 ブルキナファソにおける作物の在来品種および改良品種に対する認識の地域による違い

農家の認識	在来品種			改良品種		
	北部	中部	南部	北部	中部	南部
優れている	55%	10%	63%	97%	97%	80%
中くらい	41%	13%	27%	0%	0%	0%
劣っている	3%	70%	0%	0%	0%	0%
分からない	0%	0%	7%	3%	3%	13%
無回答	0%	7%	3%	0%	0%	7%

注：回答者数は、北部29名、中部30名、南部30名。

る」70%であった。このように、改良品種に対する認識は非常に好意的であるのに対し、在来品種に対する認識は、北部と南部では肯定的、中部では否定的であった。

　中部の農家の農薬や化学肥料の使用率は他の2地域に比べて低く、近代的農業技術に接する機会が相対的に少ないと考えられる。その時点では、伝統的農業技術に頼り、現状の作物生産レベルに満足していない農家は、未知の近代的農業技術に対する期待を高くもち、伝統的農業技術に対しては否定的に捉える傾向をもつ可能性があるだろう。他方、近代的農業技術にすでに接している農家は、伝統的農業技術の利点を再認識し、より肯定的に捉える傾向にあると考えられる。

3）作物品種の選択傾向と品種選択基準

　アンケート調査で上位に選ばれた品種を改良品種か在来品種で分別したところ、いずれの地域においてもほとんどの場合、在来品種であった。ソルガムについては、改良品種を選んだ農家はいなかった。トウジンビエについても、改良品種を最上位に選んだのは、北部の農家2名(7%)にすぎない。ササゲについては、中部の全回答者(無回答を除く)、北部と南部の回答者の約70%が在来品種を、北部の28%、南部の13%が改良品種を最上位に選んだ(表4-5)。

　このように、在来品種に対する認識が否定的だった中部地域においても、実際に上位に選ばれたのは在来品種であった。多くの農家は、改良品種は優れているというイメージをもっているものの、実際にはほとんど栽培した経験がないため、具体的な品種名をあげて評価できなかったと考えられる。

表 4-5　ブルキナファソにおける作物品種選択傾向の地域による違い

品　種	ソルガム			トウジンビエ			ササゲ		
	北部	中部	南部	北部	中部	南部	北部	中部	南部
在来品種	72%	100%	87%	69%	83%	83%	69%	97%	73%
改良品種	0%	0%	0%	7%	0%	0%	28%	0%	13%
分からない	0%	0%	3%	3%	0%	0%	0%	0%	0%
無回答	28%	0%	10%	21%	17%	17%	3%	3%	13%

注：回答者数は、北部29名、中部30名、南部30名。

　ソルガムに関する品種選択基準は、全地域で、おもに収量に関係している。ランキング上位の品種の栽培特性を見ると、北部と中部では、収量性はそれほど高くないものの、乾燥地域に適した早生の在来品種であった。一方、南部では、収量性に優れ、より降水量の多い地域に適した晩生の在来品種である。
　トウジンビエに関する品種選択基準は、中部では穀実の品質と大きさ、北部では穂の大きさと等熟歩合、南部では収量がもっとも重要であった。北部で1位にランキングされた品種は、収量性は低いものの、乾燥地域に適した早生の在来品種である。中部でも同様に、収量性は低いものの、乾燥地域に適した早生の在来品種が上位であった。南部では、上位2品種は、収量性は低いものの、乾燥地域に適した早生の在来品種、3位は収量性が比較的高く、降水量850〜1000mmの地域に適した晩生在来品種である。
　ササゲに関する品種選択基準は、中部地域では豆の品質と大きさ、南部地域では早生性、北部地位では豆の大きさと早生性がもっとも重要であった。
　中部で1位にランキングされた品種は、収量性はあまり高くないものの、乾燥地域に適した早生の在来品種である（表4-6）。2位のひとつは、中程度の収量性をもつものの、耐旱性はあまり高くない、晩生の在来品種である。降水量が比較的多く、旱魃のリスクが少ない南部においては、ランキング上位2品種には、収量性があまり高くなく、乾燥地域に適した早生の在来品種が選ばれた。一方で、中程度の収量性をもつものの、耐旱性はあまり高くない晩生の在来品種が、同率2位にランキングされている。北部では、収量性は低いものの、乾燥地域に適した早生の在来品種が1位に選ばれた。2位に選ばれたのは、高収量で早生の改良品種である。

表4-6 アンケート調査でもっとも優れたササゲ品種として示されたものの栽培特性

地域	品種名	種類	早晩性	栽培適地[1]	収量性(t/ha)	選択回数[2]
北部	Beng raaga	在来品種	早生	R	0.5	10
	KVX396-4-5-2D	改良品種	早生	R	2.0	5
	Beng pisnu	在来品種	早生	R	0.5	3
	Beng yanga	在来品種	早生	R	0.5	3
	KVX61-1	改良品種	早生	R	1.5	3
	Beng zaalga	在来品種	早生	R	0.5	1
	Kondigsyungo	在来品種	早生	R	0.5	1
	Moussa local	在来品種	早生	R	0.8	1
	Zanré-zôzô	在来品種	晩生	S	0.8	1
	無回答	—	—	—	—	1
中部	Beng raaga	在来品種	早生	R	0.5	12
	Beng pisnu	在来品種	早生	R	0.5	6
	Zanré-zôzô	在来品種	晩生	S	0.8	6
	Beng pisyopoé	在来品種	早生	R	0.5	3
	Beng zaalga	在来品種	早生	R	0.5	1
	Kondigsyungo	在来品種	早生	R	0.5	1
	無回答	—	—	—	—	1
南部	Beng pisnu	在来品種	早生	R	0.5	7
	Beng pisyopoé	在来品種	早生	R	0.5	5
	Zanré-zôzô	在来品種	晩生	S	0.8	5
	KVX61-1	改良品種	早生	R	1.5	3
	Beng raaga	在来品種	早生	R	0.5	2
	Beng yanga	在来品種	早生	R	0.5	1
	Koya zôro	在来品種	晩生	S	0.8	1
	KVX396-4-5-2D	改良品種	早生	R	2.0	1
	Moussa local	在来品種	早生	R	0.8	1
	無回答	—	—	—	—	4

注：各品種の特徴は、ブルキナファソ環境農業研究所から提供された品種リストによる。
1) R：年間降水量300〜600mmの地域に適応、S：年間降水量850〜1000mmの地域に適応。
2) アンケート調査でもっとも優れている品種として示した回答者の数。

4) 改良品種の選択に関係する要因

　ソルガムとトウジンビエについては、改良品種はほとんど上位にランキングされなかったため、ここではササゲを対象に考察する。ササゲの改良品種を選択する割合は、農民参加型研究の実施経験のある村で高い。とくに、北部のポベ・メンガオでは、環境農業研究所の支援によって改良品種種子の請負生産を行っており、改良品種の栽培が一般的となっている。そのため、上位にランキングされたと考えられる。また、マザー・ベビートライアル参加農家のほうが、

非参加農家よりも改良品種を選択する割合が高い。

　ここから、改良品種栽培経験の有無が改良品種の評価に大きく影響すると考えられる。また、農地保有面積が大きく、化学肥料と農薬を使用する農家に改良品種を選択する傾向が認められた。したがって、改良品種を選択して生産するためには、化学肥料や農薬を購入する資金を調達できることが条件となると考えられる。なお、年齢、家畜保有数、堆肥の使用状況と改良品種の選択との間には、関連性は認められなかった。また、伝統的作付体系および在来品種に対する認識も、改良品種の選択とは関係なかった。

5）品種選択と作物生産の関連

　構造型調査票を用いたアンケート調査において、直接的に農家の作物品種選択基準を尋ねた質問に対する回答からは、農家は収量に重点をおいた作物品種選択を行っていることが示された。しかし、実際にランキング上位に選ばれた品種は、必ずしも高収量品種ではない（表4-6）。すなわち、農家によって示された作物品種選択基準と実際の品種選択は必ずしも一致しないことが明らかになった。農家は収量性や食味などの作物として望まれる形質、作物栽培をめぐる環境要因、社会的要因などの相互関係を総合的に判断して、栽培する作物品種を選択していると考えられる。

　以下、半構造型聴き取り調査で示された農家の品種選択と作物生産戦略に関する要因の一端を紹介する。なお、ここでは、農学的要因を中心に説明し、社会的要因については、5節で詳しく説明する。

①年間を通した食料の安定的確保

　作物品種や栽培方法の選択にあたっては、年間を通した食料の安定的確保が強く意識されている。生産性の向上よりも、旱魃などによるリスクの分散に主眼がおかれていた。たとえば、早生のササゲ品種は、収穫前に雨季が終了して旱魃の被害にあうリスクを回避するために重要である。同時に、トウジンビエなどの備蓄が尽きる時期に収穫できるため、食料不足のリスク管理の面でも重要な役割を担っている。

　ササゲとトウジンビエやソルガムとの混作は、播種の前にササゲ品種と数種類のトウジンビエあるいはソルガム品種を混ぜて、ランダムに点播するという方法で行われている。つまり、1穴に複数の作物種および品種が混在すること

になる。聴き取り調査によると、こうした混作よりも単作のほうが高収量を得られると認識している農家が少なからず存在した。

にもかかわらず、多くの農家が混作を実践しているのは、おもにリスク回避が目的であると考えられる。すなわち、旱魃や病害虫が発生した場合、単作・単一品種では壊滅的な被害を受ける可能性がある。一方、混作・混品種では、いずれかの作物種あるいは品種が生き残り、何らかの収穫を確保できる可能性が高まる。また、多くの農家は、早生と晩生を含む数品種の栽培によって、旱魃などによる被害のリスクを分散させていた。

②化学肥料・農薬の投入との関係

資金不足のため化学肥料や農薬をあまり使用できない農家は、在来品種を選択し、改良品種はほとんど栽培していなかった。多くの農家は、粗放的栽培に適した改良品種が簡単には入手できないことを自覚し、化学肥料や農薬を原則的に使用しない場合は、現地に適応した在来品種のほうが有利であると認識している。

③栽培方法との関係

同じ作物種であっても、換金用と自家消費用では栽培方法が異なるため、品種選択基準も異なっていた。たとえば、換金用のササゲは、単作か条播で栽培される。他方、自家消費用のササゲは、トウジンビエやソルガムとの混作によって栽培されるのが一般的である。このため、自家消費用ササゲ品種の選択にあたっては、混作される作物との栽培期間の適合性が考慮されていた。

④用途との関係

ササゲやソルガムは、食用にされるだけでなく、さまざまな用途に使われており、それが品種選択基準にも反映されていた。たとえば、ササゲの茎葉部は牛の飼料として利用されるため、茎葉部の大きさが品種選択基準として考慮される場合がある。また、換金用のササゲ品種は、市場性（売りたいときに希望どおりの価格で販売できるかどうか）を重視して栽培されている。ソルガムについては、茎葉部だけでなく穂も牛の飼料として利用されることがあり、子実の赤い品種は酒造りに適しているとされる。トウジンビエの茎は、壁や敷物、屋根を葺く材料に利用されていた。

⑤自家採種による品種の維持

ほとんどの農家は、単作、混作にかかわらず、自家消費のために栽培された

作物から姿形の良好なものを選んで、次年度の種子として保存している。姿形が近い品種が混作された場合、同一のものとして扱われる可能性が高い。また、トウジンビエは他殖率が80％程度ときわめて高いため、現状では、改良品種が導入されたとしても農家が品種を維持するのは困難である。

このように、農家は、地域によって異なるさまざまな要因を総合的に判断して、作物品種を選択している。これらをすべて把握して、作物品種を育成したり普及したりするのは、容易ではない。このため、これまでの作物育種および研究者の品種選択基準は、基本的に作物として望まれる形質に基づいており、開発途上国の農家の実態に即した品種選択基準が十分に考慮されてきたとは言えない。

このことが、農民参加型手法を採用したり、種子を無料で配布したりしているのにもかかわらず、導入された改良品種が必ずしも農家に受け入れられない原因のひとつであると考えられる。作物品種の選択をめぐる農家の知識と社会メカニズムを明らかにするとともに、農家の作物品種選択に関する社会的環境管理能力を評価するための手法を確立することは、実際に農家に受け入れられる品種を開発するために必要不可欠である。また、作物品種の多様性を適度に維持し、農村開発につなげるのに重要な役割を果たすと考えられる。

5 社会学的観点から見たブルキナファソ農家の品種選択

本節では、2009年に3回にわたって行ったプロジェクトに参加した農民からの聴き取り調査の結果をもとに、農家の品種選択の多様性を示し、農民参加型手法を導入する際に外部者が注意すべき点について考察する。

前節でも示されたように農家は、単に収量の多少だけではなく、栽培している他の作物との相性や作物の使用方法など、それぞれの評価基準をもって品種選択を行っている。こうした多様性を理解しないままに実施される介入は、農家に受け入れられないばかりか、その土地の農業システムを破壊する危険さえある。そのリスクを回避するため、外部者はまず農民がもつ知恵や、生活の一部としての農業の意味を理解しなければならない。単に経済学的・農学的な妥当性や効率性という観点だけではなく、文化的・社会的な背景も含めた品種選択の意味の理解が必要である。

1) 作物の成長に伴い変化する農民の評価基準

　播種直後・生長期・出穂期または開花期における一連の農民への聴き取り調査から、農民が作物の生長にあわせてどのような点に注目し、品種選択しているのかが明らかになった。

　まず、栽培初期である播種直後は、播種した際の種子の様子や土壌との相性、植物体自体の生育度に重点をおいて品種を評価していた。具体的には、種子の大きさ・形・色のほか、発芽した際の発芽率（同一区画内に生えている作物の密集度）、個体間の生長にばらつきがないかにも注目する。さらに、植物体の葉の大きさ・形・色・茂り具合や草丈の長さ、茎の太さなどを見たうえで、これまでの経験知に基づいて、収穫期に見られる穂の大きさや収量などを推測しつつ評価していた。

　栽培中期である生長期においても、植物体の生育度に注目している。ここでは、栽培初期に重点をおいていた葉や茎のほか、膨らみ始めた鞘や穂の大きさ・太さ・実の詰まり具合など、生長過程に沿った新たな評価基準が存在した。害虫に対しての抵抗性、手入れのしやすさ、収穫のしやすさなども、評価項目としてあげられている。

　さらに、生長期に顕著だったのは、「生長が早いからよい」「自分が期待する時期よりも早く実がなり始めているから、この品種は選ばなかった」など、栽培周期に関係する農民の発言が多い点である。農家や地域、育てている作物によって理想とする栽培周期にばらつきがあるという。そこで、さらに聴き取りを行った結果、単に栽培周期の短さや長さが重要なのではなく、地域の気候や季節の変化に沿った品種であるか、個々の農家の農業サイクルに適しているかが評価基準になっていることがわかった。

写真4-2　農家の人たちに対する聴き取り調査（グループインタビュー）の様子

たとえばソルガムの場合、雨季の終わる時期に花をつける品種が、不結実や実の腐敗の回避につながると重宝され、必ずしも栽培周期の短い早生であることがよいとされるわけではない。また、ササゲでは、雨季が短く雨が少ない北部では早く収穫できる品種がよいとされていた。一方、南部においては、雨季の終わりに間に合うように播種すれば十分であり、栽培周期よりも複数回収穫できるかや収量の多さが重視されているようである。

　また、農家は通常、家の近く、村内、遠く離れた場所などに複数の畑をもち、数多くの作物を限られた農具と人数で栽培している。そのため、播種、畑の手入れ、収穫の時期が重ならないように、それぞれの品種を選択しており、すべての農家にとって同じ栽培周期が最適であるとは限らない。

　栽培後期・収穫期においては、収量、収穫する種子の大きさや形、色、穂の太さ、害虫のつきやすさや病気に強いかなど実際の植物体を見たうえでの評価基準に加え、収穫作業や調理のしやすさ、収穫物の市場性、保存性など、収穫後を想定して評価していた。

　農業には年間をとおして、栽培から収穫、利用、保存に至るまでさまざまな過程が存在する。同様に、農民はそれぞれの時点において多様な評価基準をもっているのである。

2）評価基準の幅に見る参加１年目の農民と２年目の農民の違い

　ここでは、2008年から本調査に参加している２年目の農民と、2009年にはじめて参加した１年目の農民の間で見られた違いについて述べる。両者の顕著な違いは、調査をした時点において、作物の状況があまりよくないものでも、２年目の農民は「自分の畑に植えたい」と選択していたことである。

　南部で行ったソルガムの品種選択の際、「A—3」と便宜的に名付けた改良品種は、圃場で草が倒れていたこともあり、１年目の農民からの評価は非常に低かったが、２年目の農民には人気が高かった。その理由の多くは、「茎を家畜が好んで食べるから」「実がなったら自分たちも食べるし、茎を動物がとても喜んで食べるから」というものである。２年目の農民は、前年の結果もふまえて判断していたわけである。今年度の成長があまり好ましくない点に言及しても、「風が強いから倒れただけだ」「植えた土地が柔らかすぎるだけ」「倒れていてもきちんと実をつけるから心配ない」と判断を変えることはなかった。

また、2年目の農民のほうが市場性や保存性、味、収穫後の状況など、品種についての情報を多くもっている。そのため、多角的な評価を行っていた。
　調査のカウンターパートであり、改良品種の普及活動に長年携わってきた農業技官は、「その品種をすでに知っている（育てたことがある）ことや、彼らの習慣になっているという点が、品種選択の際に大きく影響する」と語っていた。本調査からも、実際に栽培した経験が、翌年の栽培品種を判断する際の根拠となっていることがうかがえた。

3）地域特有の評価基準
　さらに、農民は生活する土地や民族といった社会的・文化的な評価基準も持ち合わせている。たとえば、地域を構成する民族の違いによって生じる評価基準である。北部には遊牧を行うプル族が多く生活し、南部は遊牧を行わないモシ族やビサ族がほとんどである。
　南部では、品種選択の際、「家畜の飼料になる」という評価基準がよくあげられた一方で、北部ではこうした評価基準はあまり聞かれなかった。北部では家畜の世話はプル族に任せているため、農家は自家消費用と販売用の作物を栽培すればよい。一方、農家が家畜の世話も行う南部では、自家消費用や販売用作物のほか、家畜の飼料の確保が必要になることが、そのおもな理由であると考えられる。
　また、南部ではソルガムの品種を選ぶ際、「種子の色が白いから」「種子の色がクリアだから」といった評価基準が多くあげられた。しかし、南部に住む農民のほとんどが、自分の畑で白いソルガムだけでなく、赤いソルガムも栽培していた。
　農業技官によると、二つの点から赤いソルガムの栽培はこの地域において重要であるという。一つは、一般的に赤いソルガムのほうが栽培周期が短く、雨季の直後に食糧として確保できるからである。もう一つは、この地域では「ドーロ」という赤いソルガムを材料にして造ったお酒を飲む習慣があるからである。開墾祭や収穫祭などの重要な祭事や来客があるときには、必ずこの酒を振る舞う。だから、彼らにとって赤いソルガムを育てることには重要な意味があるという。
　このように、南部の農民は白いソルガムを好む一方で、赤いソルガムも捨て

がたい品種なのである。

4）農業技官の影響力

　農民参加型手法では農民自身が品種を評価して選択するので、農民のニーズを当事者の視点から把握できる。本プロジェクトは農民参加型品種選択手法を用い、農民がどんな評価基準をもち、どのように農業を行っているかを把握することを目的に実施された。次に、こうした調査を実施するうえで注意すべき外部者の関わり方について考察する。

　1年目が終了した時点で聴き取り調査を行ったところ、ある地域では農民のほとんどが改良品種を「よい」と評価し、在来品種を「よくない」と評価した。他の地域では多様性が見られた品種選択において、不自然に偏りのある結果となったのである。これは、この地域を担当している農業技官C氏（以下「C技師」）の影響によるものであることがわかった。

　聴き取り調査においてカウンターパートとなった3名の農業技官には、調査の趣旨を事前に伝え、モニタリング時の指示や介入は最小限にとどめるよう伝えていた。にもかかわらず、C技師は「このプロジェクトはマザー・ベビートライアルでの試行を通じて、改良品種のほうが優れていることを農民に体感させることをねらいとしている」と理解していた。農民参加型手法とは、在来品種と改良品種を同じ条件で栽培し、改良品種のほうが早く多量の収穫を得られることを農民に理解させるための啓発の手段だと理解していたのである。

　C技師はモニタリングの過程で余計な介入はしていなかったと答えたが、おそらく参加している農民たちに彼の意図が伝わっていたのだろう。品種選択の個別インタビューではC技師が通訳を務めていたため、農民たちは「自らの評価基準に従って自由に選択する」のではなく、「C技師が教えたとおりに改良品種をよりよい品種として選択する」ように回答していたと考えられる。他の地域と比べて不自然に偏った調査結果からも、C技師の影響力を推測することは容易である。C技師の見ていないところで別の通訳者を用いて同じインタビューを行ったところ、異なる結果が得られたことからも、それは明らかである。

　別の地域を担当した農業技官K氏（以下「K技師」）は、聴き取り調査開始前に、こう述べていた。

「農民には農民の評価基準があるので、必ずしも改良品種をよい品種であると選択するとは限らない。このような調査をするにあたっては、農業の視点だけではなく、文化的・社会的な視点も考慮しなければならない」

この地域では、インタビュー結果からも農民たちの品種選択に多様性が見られた。

Ｃ技師は30代後半で、多くの援助プロジェクトにおいて改良品種の普及員として活動した経験があり、真面目で熱心な性格だ。彼自身も担当した地域の出身で、調査前の個別インタビューでは次のように強く語っていた。

「近年、降水量の減少によって農業の収入が減っている。農家が貧困から脱するためには、改良品種を用い、収量の多い、市場で高く売買される品種を普及する必要がある」

農業技官の業務は土地に適した改良品種の開発・普及であるという強い責任感をもっており、その想いが農民の選択結果に影響を与えたと推測される。

一方70歳を超えているＫ技師は、過去に生物多様性関連の事業に関わった経験がある。「土地や気候、人手の多少など、さまざまな要因のなかで、農民たちは何が自らにとってより有効な品種であるかを常に試行錯誤しながら選択している」と何度も筆者らに説明していた。また「このような参加型手法を用いて農民に品種選択をさせるなら、3年間は試行栽培をする時間が必要だ」とも述べていた。1年や2年の試行では、降水量や天候によって生長の様子や収量が大きく変わる。農民が品種の良し悪しを評価するには少なくとも3年程度は栽培し、多様な視点から考える時間を与えることが必要だという提案である。

Ｃ技師もＫ技師も、農業技官として十分な経験と知識を備えている。だが、改良品種や近代農業に対する見解はまったく異なっていた。農民参加型手法を用いる場合、調査者は農家の純粋で自由な選択を妨げるような介入はせず、自らのもつ影響力に配慮する必要がある。それは、モニタリングなど栽培中のみならず、聴き取り調査においても同様であり、農民の声に耳を傾け、理解しようとする姿勢が必要であろう。

5）農業技官と農民との対話

農業技官Ｂ氏（以下「Ｂ技師」）は、聴き取り調査を開始する前の個別インタビューで、Ｃ技師と同様に改良品種を高く評価していた。

「農民が改良品種を評価しないのは、情報が不足しているためだ。正しい情報を与えれば、改良品種のよさを理解し、在来品種よりも高く評価するはずだ」
　農民の伝統的な農法に対しては、非効率的・非科学的な「遅れた」「無知な」農法であると答えた。インタビューに際しては、C技師のように自らの考えを押し付けるような介入はなく、農民も自由に回答しているように感じられたが、農民が在来品種を改良品種よりも高く評価することに対しては、「（農民は）わかっていない」という感想をもらしていた。
　ところが、調査が進み、農民のさまざまな品種選択の状況やその理由を聴き取るにつれて、農民の知恵や品種選択に対するB技師の考え方は変化していく。伝統的な農法にも科学的に妥当な方法が含まれていることや、予測できない天候に対してリスク分散を考慮した品種選択が行われていることなどが明らかになったからである。すべての個別インタビューが終了し、結果を分析した際には、農家が行う品種選択、採用している農法が農業技官という視点から分析しても妥当なものであり、合理的であったことに驚き、こう語った。
　「これまでは、農民の行っている品種選択や採用している農法は非効率で誤っていると考えていた。今回はじめて農民からじっくりと意見を聞くことができ、農民たちは農学的にも優れた農法を採用していることを知った。これからは、もっと農民と対話をしながら自らの仕事にあたっていきたい」
　またB技師は、これまでの普及活動では、農民に技術や知識を教えるという一方通行のコミュニケーションが中心であり、農民たちが実際にどのように農業を行っているのかを問いかけたり、その理由を確認することはほとんどなかったと説明した。
　「対話は双方にとって重要である。農民は農業技官から新しい知識や情報を得られるし、農業技官は農民から彼らの知恵や考えを得られる。対話（双方向のコミュニケーション）をすることは、その土地の農民のニーズを理解し、日々の農業技官としての活動に反映させるためにも必要である」
　農民と農業技官の対話については、調査終了後のインタビューでC技師もその意義を語っている。
　「農民にそれぞれの品種をどのように評価しているのかを問いかけることは、農民に考える機会を提供することに貢献した。農民にとっては、これまで意識していなかったことを考えるきっかけになったし、学校に行った経験がない農

民にも学びの機会になった」

　最初のインタビュー時には「よい」という回答はできても、理由を尋ねる「なぜ」という質問に明確に答えられる農民は少なかった。とまどう農民に対して、調査者は「どうしてAよりBの品種のほうがよいのか」「なぜ蔓が長いほうがよいのか。どのような利点があるのか」など、細かい問いかけを繰り返しながら、その理由を深めていくように心掛けた。こうしたインタビューを重ねるなかで、農民たちは自分が何をどのように評価しているのか説明する言葉を身につけていく。インタビューに答えた農民からは、こんな声が聞かれた。

　「自分がふだん行っていることを説明してみて、改めて気づくことがあった。それに、農業技官や外部の人が畑を見て、自分の話を聞いてくれることで、新たなモチベーションにつながった。来年はもっと立派な畑にするから、また見に来てほしい」

　農民の選択基準を聴き取ることが、本プロジェクトの直接的な目標であったが、聴き取り調査を通じて農民と農業技官のコミュニケーションが深まり、信頼関係の構築、気づきと学びの相互作用が起きた。農民の声に農業技官が耳を傾け、農業技官の質問やアドバイスに農民が耳を傾ける。両者のやり取りをとおして、相互の知恵と経験から学び合う場がつくられたことは、本プロジェクトの上位目標である社会的環境管理能力の構築につながり、この地域における農業開発の大きな礎となることが期待できる。農民参加型手法は、農家と専門家、外部者の距離を縮め、関係性を構築する手法としても有効である。

6）聴き取り調査における配慮

　聴き取り調査の結果、農民による品種評価は、その土地の自然環境、文化、社会、農民の嗜好など、さまざまな側面を総合的に判断した形で行われており、非常に複雑で多様性に富んでいることが明らかになった。これは、農家の巧みな農業戦略に裏打ちされた評価基準と考えられる。その一方で、外部者がこれらの複雑な仕組みすべてを理解することはきわめてむずかしく、外部者が新たな品種を導入する際は、より慎重に行わなければならない。農民の品種評価の仕組みを理解しない外部者による介入は、現行の農業システムを崩すだけでなく、文化的・社会的な大きな変化をもたらし、結果的に農民の生活を危険にさらす可能性がある。

そうした事態を防ぎ、外部者が農民の巧みな農業戦略及び多様性に富む品種選択を理解し、政策や事業に反映させるうえで、農民参加型手法は有効であろう。ただし、本調査からもわかるように、1年目の新規参加者より2年目の参加者のほうが情報量を多くもち、各品種に対する経験や理解があるから、より総合的な評価を行える。また、在来品種より手間も経済的負担も増える改良品種を導入する際には、その導入により多くの時間が必要である。したがって、最低でも3年間程度の継続的な「農民参加型試験栽培」が必要であろう。

一方、その実施においては、調査者は自らのバイアスや関わり方を十分に意識しなければならない。C技師の地域の農民たちが「自分自身の選択」ではなく「農業技官が求める正解」を回答したように、農民たちは調査者の態度や言葉、「何が自分たちに求められているのか」に敏感に反応する。とくに、援助が浸透している地域では、「外部者が期待する反応」を示すことを住民たちが学んでいる場合が多い[3]。参加型手法を実施する際には、こうした援助慣れした農民たちから丁寧に純粋な声を聴き取るように取り組むべきである。

農民の多くは、理論的な知識や情報からではなく、親から受け継いだ経験知や自らの実践をとおして、品種を取捨選択している。聴き取り調査では、実際に品種を観察しながら具体的な問いを投げかけ、農家のもつ暗黙知を掘り起こしていかなければならない。前後の回答に矛盾が生じるときもあるので、「先ほどはこのように答えたが、どうして違うのか」を改めて確認する。その際、あからさまに誤りを指摘するのではなく、矛盾のなかにこそ農民たちの品種選択の揺らぎがあると理解する必要がある。

農民は自らの回答を調査者がどのように受けとめているのかを敏感に感じ取っているということを、意識しなければならない。聴き取り調査を行うにあたっては、農民への配慮とともに、外部者は自らの問いや関わり方に内省的であるべきだ。

6　ブルキナファソの農家から学んだこと

農家レベルで優良種子の使用を増加させるために

ブルキナファソにおいては、FAOの協力によって優良種子の普及システムの概念が導入され、JICAもその生産と流通に関して支援をしている。ブルキ

ナファソ政府は、農家の利用する種子をすべて改良品種に置き換え、さらにすべて政府の指定する機関によって品質が保証された認証種子としようと考えていた。改良品種を利用しないのは農家・農民の知識・能力の不足であり、彼らの考え方を変えることが政府の役割だというのが、農業省の考えである。こうしたなかで、JICAから派遣された専門家は、農家の必要性や認識をもとに、どのような形で普及システムを構築するか試行錯誤している。

　「農家レベルで優良種子の使用を増加させる」という目標は、ブルキナファソ側と日本側で共通である。だが、そのためのアプローチが異なる。日本側関係者は、農家に自分たちの判断で種子を購入してもらう必要があると考え、農家にはお金がないことを前提に、種子を購入しても利益が上がるよう、ニーズに対応した購入の仕組みをつくることを重視してきた。

　ただし、収量性など分析が比較的簡単な指標を持ちこめる可能性の高い、おもに商品作物的色彩の強いササゲと、伝統知識に裏打ちされた選択基準の存在する可能性の高い主食作物のソルガム、トウジンビエでは、農家の購入判断基準が異なる。したがって、その多様性にどう対応するかが課題である。さらに、たとえよい品種を作っても、政府関係者が種子を優良だと宣伝しただけでは、その優良さが理解されにくい。その種子を使って収穫した作物から作った煮込み料理やお酒を試食してもらうなど、多様なアピール、参加型評価を通じたPRの可能性が検討されている。

　筆者たちは、農民の品種・種子に関する認識やニーズの把握方法を調査し、それらの情報に基づく研究・普及制度設計に関する研究を実施した。そこでなにより留意したのは、農家が「よい品種・よい種子」であると判断し、使い続けていける能力を考慮・評価する方法を開発し、それらが実現される環境を明らかにすることである。

　単純に聴き取り調査を行うだけでは、農家が試行錯誤を繰り返すなかで小規模に導入したり実験的に栽培したりしている品種を知ることはむずかしい。農家にとっての品種選択の主要な判断基準は、耐乾性や早生性、収量性である。それに加えて、利用の多面性、食味、調理のしやすさ、他の作物との組み合わせの相性なども重要である。特定作物の優良品種だけが入っていくことが、非常に困難な状況をもたらしていると考えられる。

外部者と農家の協力による多様性の維持

　圃場に作物が栽培されていない時期に農家の聴き取りを行うと、間違った情報を得ることも多い。農民の答え方にはいくつかのパターンがあると考えられる。

　第一は、農業技官が優れていると判断した品種を農民も優れていると答え、しかもそのすべてが改良品種である場合である。第二は、農業技官が「一部在来品種も優れている」と判断しており、その農業技官と一緒に活動してきた農家も自分たちの在来品種が優れているという判断を示す場合である。しかし、農家と農業技官との間に十分なコミュニケーションの経験のない村では、第三の反応が起こる場合がある。農業技官は「農家は多様な判断基準をもっている」と考えているにもかかわらず、農家は、政府の技術者が改良品種の種子を配布してくれることを期待して、「改良品種が優れている」と自分たちのよく知らない品種を選ぶのである。

　これは、農業技官と農家との関係が農家の品種選択に影響している可能性を示唆している。農業技官が改良品種を導入しようとする村では、農家もそれに応えようとする。農家には農家の考え方があると農業技官が考えている村では、農家も多様性を維持する品種選択をしている。

　より詳しく調べるために、栽培期間中に、品種名を伏せた形で再度調査を実施した。播種直後・生長期・出穂期または開花期の3回にわたり、同じ農家に同じ質問を実施したのである。その結果、無施肥区では当初改良品種を選ぶ農家が多かったが、生長が進むにつれて、どちらかというと在来品種をよりよい品種と認識するようになっていった。一方、施肥区では、最後まで改良品種が選ばれる傾向も見られた。栽培の要件によって選ばれる品種が違うという当たり前の結果が再確認されたわけである。

　いろいろな考え方が農家にあると考える農業技官のいる村は、農家が栽培する品種の多様性を維持しながら農家の生計を向上しつつ、種子増産を図っていくNGOのプロジェクトがすでに入っている。だから、私たちと活動を共にした農業技官以外の技術者との接触の機会を多くもっていた可能性もある。したがって、それらの技術者によって多様性を維持することの重要性が刷りこまれている可能性も否定できない。

　持続可能な開発の分析に有効とされる社会的環境管理能力[4]は、一般に、政

府・企業・市民社会の3つのアクターおよびアクター間の相互関係からなる環境問題に対処するための社会全体の総体的能力と定義される。それは、おもに公害問題への対応を中心とした事例に適用されてきた。しかし、こうした社会的環境管理能力の概念を、農業のための生物多様性という環境資源の持続的利用に援用することによる持続可能な農村開発への寄与の可能性は、これまであまり論じられていない。

社会的環境管理能力の構築の視点から見た農村におけるアクターの明確化と、それぞれの役割を分析するためには、農民の資源認識・管理能力評価にかかる指標を外部者が認識する手法の開発が必要である。本調査研究では、圃場での栽培と丁寧な聴き取りを同時かつ継続的に行い、農民の声に耳を傾け、専門家と農家の双方向のコミュニケーションを重視するように試みた。その関わり方は、一方的な介入によって社会的環境管理能力構築を図ろうとしてきた農村開発のあり方に対して、農家自身を重要な実施者として位置づけて地域の社会的環境管理能力を構築していく過程に統合できる新たな方法を提示するのではないだろうか。

(1) アンケート調査では、世帯情報をはじめ、農業形態や農業技術・品種選択の傾向に関する質問票を作成した。そして、事前におおまかな質問事項のみを作成し、回答者の答えによって適宜詳細を尋ねる簡易な質的調査法である半構造型聴き取り調査と、統計的な処理を意識して事前に作成した具体的な質問事項をおもに一問一答式ですべての農家に尋ねる構造型聴き取り調査を併用している。
(2) 一般に、ソルガムは粥や酒にして食べたり飲んだりする。トウジンビエは粉にして水に溶かして飲むこともある。ササゲは煮込み料理やスープの具になる。
(3) ブルキナファソ政府が改良品種の普及をめざし、そのための支援が海外から行われていることは、農民もよく知っている。また、「援助（プロジェクト）の成功」を援助する側が期待していることは、農民にも容易に見当がつく。プロジェクトが成功した場合、さらなる支援が新しいプロジェクトまたは継続として行われることも多い。とくに、援助が浸透している地域においては、次の支援を獲得するために「外部者が期待する反応」を示す農民も多い。これは、被援助国に生きるうえでの戦略であり、こうしたことを住民たちが学んでいることは十分に予想される。
(4) 松岡俊二（2004）「社会的環境管理能力の形成と制度変化」松岡俊二編『国際開発研究―自立的発展へ向けた新たな挑戦―』東洋経済新報社。

第5章 生物多様性維持へのカナダの挑戦
―― 水利権と伝統知からのアプローチ

　　　　　　　　　　　　　　　　　　　　　松　井　健　一

1　水と生物多様性

　ロシアに次いで世界で2番目に広い国土をもつカナダは、世界にある淡水の約20%を保有するといわれ[1]、河川や湖沼など表面水域の総面積(75万5180 km^2)だけで日本国土の約2倍にも及ぶ[2]。しかし、この膨大な量の淡水のほとんどは氷河や永久凍土下の化石帯水層などの枯渇性資源である。また、再生可能な淡水の60%以上は河川などを通って人口の少ない北極圏へと流れる。アメリカとの国境周辺に人口の90%以上が集中するカナダでは、利用可能な水が潤沢にあるとはいいきれない[3]。

　そのため、農業や工業、家庭用水の需要が特定の河川や湖水に集中して汚染や富栄養化などを引き起こし、流域環境の保全や生物多様性維持に大きな影響を与えてきた[4]。環境弁護士デビッド・ボイドの著書によると、企業による河川や湖沼への有害化学物質の廃棄は年間2万t以上、地下への有害化学物質の廃棄量は13万5000tにもなるという。それもあってか、1992～95年に汚染水の影響で閉鎖された行楽用の砂浜は2800カ所にものぼる[5]。汚染による水中生物への影響も、新聞などで報道されてきた[6]。

　生物多様性の維持や水質純化に有用な役割を果たすといわれる[7]湿地は、海岸部や内陸部で減少している。大西洋岸では65%、オンタリオ州南部では70%、内陸平原地帯では71%、ブリティッシュ・コロンビア州のフレーザー川河口部のデルタ地帯では80%が失われたという[8]。湿地の減少が生態系に与える影響は、さまざまな面から危惧されている。

　たとえば、ラムサール条約(特に水鳥の生息地として国際的に重要な湿地に関する条約)のもとで保護されているフレーザー川河口の一部は、カナダ最大数の渡り鳥が集まる場所のひとつである。とくに毎年11月ごろになると、ガマやヨシの広がるライフル鳥類保護区にシベリアからメキシコへ南下する途中の

ハクガンが逗留し、空を白く染めることで有名だ。ハクガンはガマやヨシの根茎を食用にする。また、この地域へは毎年5種類のサケが春から秋にかけて遡上し、漁業や先住民族の伝統文化の存続に重要な役割を果たしてきた。だが、保護区は農地と隣接しており、農薬などによる水質汚染が与える生態系の影響も問題である。

ライフル鳥類保護区のカナダガン。ほかにも多くの渡り鳥が四季をとおして飛来する(2011年7月、筆者撮影)

　オンタリオ州やマニトバ州などの平原地帯の湿地には、魚類のほかにワイルドライスとよばれるマコモの仲間が自生し、先住民族の主要な穀物資源となっていた。こうした生物や文化に重要な湿地の減少は、約85%が農業によって引き起こされたといわれる[9]。

　通常5段階評価で行われる生存の危機に面した生物種の実態調査は、1977年に連邦政府内に設置された「カナダにおける絶滅に瀕した野生動物の現状に関する委員会(COSEWIC)」(以下「絶滅に瀕した野生動物に関する委員会」)によってモニタリングされてきた。この委員会による2000年の報告では、カナダに存在するといわれる7万1573の生物種のうち352種が危機に面しているという。その内訳は維管束植物(117種)、魚類(73種)、哺乳類(58種)、鳥類(52種)などである[10]。

　生物多様性条約批准以降、カナダ政府はおもに北方地方で保護地域を拡大するなどして、生物多様性維持へのコミットを可視化してきた。また、生物多様性条約の第8条(j)が定める先住民族の伝統的知識への配慮についても、担当小委員会を設置するなどして政策に反映させる努力をしてきた。北西準州やヌナヴット準州[11]など先住民族の人口が多い地域では、連邦政府と準州政府、先住民族が独自の政策に合意し、環境アセスメントに伝統的知識を加味するように明文化されているケースもみられる[12]。

　このように生物多様性維持のためのいくつかの新たな試みが行われている現

状にあって、重要なのは人為的な環境汚染や破壊による生態系への負荷をどれだけ軽減していくことができるかであろう。なかでも、生物多様性維持にとって必須となる水量と水質の確保が重要である。ところが、現在の農業や工業の水利用の配分を管轄するカナダの水法は、生物多様性や水質保全などに関する法律との補完性において問題点をかかえている。つまり、生物多様性や持続可能な環境保全のための法律がつくられても、それらがうまく機能しない原因となっているのである。

　本章では、これらの問題点を明確にしながら政府や法律依存による生物多様性維持の限界を指摘し、最終的には法律整備のみならず人びとの意識に長期的な影響を及ぼす可能性をもつ倫理基準の整備を模索する。また、筆者はトップダウンの環境管理政策から地元民のエンパワメントによる環境ガバナンスへの移行を導くことが倫理基準を有効にするカギであると考える。そのためには、地域に根ざした先住民族の知識や知恵の役割や有意性を明確にしておくことも欠かせない。というのも、伝統的知識の有意性については懐疑論者も多いからである。

　以下では、まず水法の問題点からアプローチをしていくが、その前にカナダの水法について簡単に説明しておくことが必要であろう。なぜなら、水法はカナダやアメリカで独自に発展してきた歴史があり、日本ではあまりなじみのない法律概念であるからだ。水法の問題点を明らかにしたあと、伝統的知識を明文化したカナダの政策を簡単に紹介し、その政策の問題点や筆者のいう「伝統知」の環境ガバナンスにおける有用性を考える。最後に、地域に根ざした視点から倫理基準の整備について模索してみたい。

2　水法による水利権の概念

　カナダでは建国の 1867 年以来、英領北アメリカ法(BNA 法またはカナダ憲法とも呼ぶ)によって水資源を含む天然資源利用の管轄は州が、準州の場合は原則連邦政府が行ってきた[13]。ただし、州内に位置する国立公園や連邦の保護地域、先住民族の保留地、船舶の航行可能な河川については、連邦の管轄であるとされる。

　また、五大湖のようにアメリカとの国境をまたがる湖沼や、コロンビア川の

ようにカナダからアメリカに流れる河川は、1909年に交わされた条約によって両国の合同委員会(IJC)が設置され、委員会の勧告のもとで管理が行われてきた。州をまたがる流域においては、アメリカのミネソタ州とカナダのオンタリオ州、マニトバ州にかかる「レイク・オブ・ザ・ウッズ」と呼ばれる湖のように、州と連邦が共同で管理する体制(1919年以降)があるが、一般的にはまれである。カナダの環境政策では管轄権の所在が重要な影響をもつため、まずここで留意しておきたい[14]。

カナダの水法の起源はイギリス由来、アメリカ由来、フランス由来に分けられる[15]。フランスからは17世紀ごろ、大陸法の伝統がセントローレンス川周辺に形成された荘園制度によって持ち込まれ、土地と水資源利用が1850年代まで続いた[16]。イギリスからは、コモンローと呼ばれる法分野の伝統が、現在のオンタリオ州へ18世紀初めに、ブリティッシュ・コロンビア州へ19世紀中盤に導入された。アメリカ由来のものは、とくにカリフォルニア州や西部のいくつかの州で発達した先取権の考え方がブリティッシュ・コロンビア州からマニトバ州にかけて広まり、コモンローに代わり水法形成に大きな影響を与えた。一般に、西部やブリティッシュ・コロンビア州ではアメリカの影響が強く、オンタリオ州やケベック州などでは大陸法とコモンローの影響が強いといっていいだろう[17]。

では、これらの水法概念の違いはどこにあるのだろうか？ 大陸法は河川に流れる水や大気中の空気を共有財産とみなしたため、個人や団体は占有できないと考えた。その他2つの水利権概念も、流水を共有財産と考える点は共通している。中世に発達し始めたイギリスのコモンローは、河岸や湖岸の所有権概念と水利権をセットにし、水利用を土地有効活用のための権利と捉えた点が新しい。これは沿岸権と呼ばれ、沿岸の土地を利用するための水利用目的をひとつに限定していない点に注目しておきたい。

一方、先取権は沿岸の土地を所有していなくとも、その土地を灌漑など特定の目的のために一定の期間、一定量の水を利用できると定めたものである(図5-1)。先取権と呼ばれるゆえんは、土地所有者が水利用のための権利申請を所轄に届けた日付の優先順位で権利の優位が決められたことからきている。簡単にいってしまえば「早いもの勝ち」であるが、先に権利を主張した者が仮に水を使わなかった場合や将来も利用の意思がない場合は、権利は破棄されたと

図 5-1 沿岸権と先取権の違い

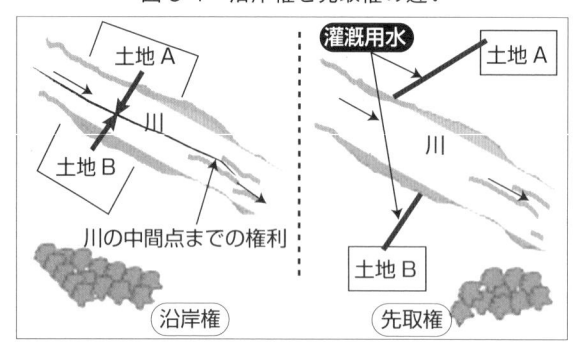

みなされる。また、利用目的が限定されるため、灌漑利用の権利を転用して工業用水に使うことは基本的にできない[18]。

ブリティッシュ・コロンビア州ではイギリスによる植民地化にともないコモンローが導入されたものの、1858 年に起きたゴールドラッシュを機に先取権を取り入れ、いまも続いている。現在のアルバータ州やサスカチェワン州、マニトバ州、北西準州は 1890 年代に灌漑に関する法律が制定され、先取権の概念を踏襲した。1930 年以降もこれらの州と準州は、一貫して先取権の概念のもとに水法を運営している[19]。

先取権の長所は、鉱山開発や大規模な灌漑農業を経営するために適しているという点である。沿岸の土地に限らず水利権が認められるから、河川や湖沼から遠く離れた土地においても用水システムを設置すれば大規模灌漑が可能になる。平原地帯やブリティッシュ・コロンビア州内陸部の高原地帯は年間降雨量が不安定で、雨の多い年と少ない年が一定の周期で繰り返されるステップ気候である。そのため、雨の少ない年には灌漑による農業が必要であると考えられた[20]。

また、沿岸の農業用地が希少な平原地帯において、政府や鉄道会社、不動産会社などがヨーロッパやカナダ東部から農業に主眼をおいた入植を促進するには、先取権による灌漑用水へのアクセスを確保することが重要になる。事実、用水へのアクセスのある農場は、アクセスのない土地よりも数倍高く売買された。たとえば、1911 年にカナディアン・パシフィック鉄道会社は日本の建売住宅ならぬ出来合い農場を販売した。各 80 エーカー（約 32ha）に仕切られた農地に灌漑用水をひき、倉庫や住居を建てて競売にかけたのである。当時、用水システムにアクセスのない土地は 1 エーカー平均 14.11 ドルであったが、ここは平均 33.097 ドルで販売されたという[21]。

第 2 次世界大戦後、人口増加や自動車専用道路などのインフラ整備、農業の大規模化、工業化などにともない水資源利用の競合が激しくなり、水利権闘争や水質汚染問題を引き起こすようになった。1970 年代にオンタリオ州西部の先住民族保留地で起きた「カナダの水俣病」と呼ばれる事件は、近隣のパルプ工場によるメチル水銀の大量排水の結果である。生活排水のたれ流しによる富栄養化や飲料水の大腸菌汚染なども起き、後者では死者も出た。さらに、五大湖のひとつエリー湖には生物が生息できない「デッドゾーン」が出現した。こうした背景から、連邦政府は 1970 年にカナダ水法を制定し、水質改善とモニタリングの強化を図った。同時期に各州が、飲料水の安全確保や工業排水による汚染を軽減するための法的措置を施した[22]。

　カナダ水法の特徴は、前文で水資源が市民の健康と福祉だけでなく自然環境の質にも重要であると述べている点である。また、安全レベルの水質を維持するためには総合的な水質管理が必要であるとも述べている。そして、連邦政府が州政府と協力して水質管理プログラムを運営することで、全国民にとって最大限の利益を確保する必要性を示唆する。具体的には、包括的な水質管理プログラムを施行するため管理域を指定し、そこに水質管理官を配属して、担当管理域の水質レベルを回復・保存・補強するための計画、着工、実行に携わるとしている[23]。

　その他の水質汚染に関する代表的な連邦法には、1985 年の北極圏水域汚染防止法[24]やカナダ海運法、漁業法[25]、1999 年のカナダ環境保護法[26]、2002 年のカナダ国立海洋保全域法[27]などがあげられる。これらの法律は、水質汚染を禁止する条文を設けた点で共通している。1985 年の最初の 2 つの法律はおもに船舶による汚染を禁止し、違反者に罰則規定を設けたもので、1972 年に国連で採択された海洋汚染を防止するための「ロンドン条約」と呼応したものである。環境保護法は正式名を「持続可能な開発に資するための環境と人の健康の保護及び汚染防止に関する法律」といい、1992 年のリオサミットで表明された予防原則を基本理念のなかに取り入れ、汚染防止政策履行を国策として位置付けた。海洋保全域法も、予防原則を支持するスタンスをとっている。

3 水法の問題点

　法整備の面からみれば、カナダは水質汚染や環境保全への積極的な対応をしてきたようにみえる。では、なぜ冒頭で述べたように、現在も企業による河川や湖沼への有害化学物質の廃棄が膨大な量に及ぶのだろうか。

　デビッド・ボイドによると、その理由のひとつは水質汚染に関する連邦法と州法の解釈に温度差があることだという。たとえば、ブリティッシュ・コロンビア州の廃棄物管理法によると「汚染を引き起こすような量や方法で廃棄物を環境に排出することは何人もしてはならない」(第3条4項)とある。だが、この条項には例外があり、州政府の許可を得れば一定の有害物質の排出が可能になっている。また、汚染の限度量についても一定量の廃棄物に含まれる有害物質の量で決められており、企業の間で「薄めればよい」という意識が蔓延しているという。こうした意識は、連邦法の謳う予防原則とは同じではない。

　さらにボイドは、ブリティッシュ・コロンビア州のアプローチは生物濃縮など長期的な影響を考慮に入れていない点が問題であると指摘する[28]。このあたりの議論は、化学物質の半減期や、残留性有機汚染物質に関するストックホルム条約(POPs条約ともいう)を考慮に入れる必要があると同時に、水中生物への汚染の影響をさらに詳しく調査する必要もあるだろうと筆者は考える。

　また、ストックホルム条約で当初「有害」という定義に入らなかった難燃剤類(ポリ臭化ジフェニルエーテルを主とする臭素系難燃剤)の化学物質も、北米ではとくに生物濃縮が高いことが科学者によって声高に指摘されたため、近年になってようやく有害リストに加えられた。しかし、カナダや日本を含めた多くの国の対応はまだである[29]。

　ボイドの指摘とならんで深刻な問題は、管轄の重複と関連現行法の補完性であろう。環境問題は多くの州境や国境をまたがって発生する。とりわけ、生物多様性やそれを支える水域環境の維持には、州間の共同や連邦との連携をうまく利用することが求められる。そのため水法において共同管理が推奨されたわけだが、この理念は連邦と州の合同調査や計画段階には至ったものの、水質管理政策履行レベルへは反映されなかったという[30]。

　農業や工業、水力発電に利用するための水に関する法律は水質保全に関する法律よりも歴史が古く、19世紀終盤から20世紀初頭以降、連邦内務省が管轄

してきた。しかし、水法や環境保護法など水質を管理する法律は環境省の管轄になる。環境省は1971年に設置された比較的新しい組織であり、当初は気象、環境保全、野生動物、森林、水産、水資源の6分野を主体にしていた。1979年に水産分野が独立して以降は、水質保全に関してさらに限られた分野の業務を担っている[31]。

　水質保全業務をさらに複雑にしたのは、国立公園などの保護地域や先住民族の保留地の存在である。これらは、州の境界線内にあっても連邦内務省に存在する別個の担当局が管轄する。とはいうものの、州政府がそこへ行政介入する場合が多くなったため、州と連邦の衝突もたびたび起きた。その結果、州が事実上の管理を任されることが多くなった。たとえば、先住民族保留地内の水利権や水道管の設置の業務、それに対する課税は、州や自治体が行ってきた[32]。

　州レベルでも、水質と水量を管理する管轄の違いがある。州の場合さらに複雑なのは、水資源利用（とくに水力発電と電力供給）に関して担当組織が「ハイドロ・ケベック」や「BCハイドロ」のように公団化していることである。これらの組織は通常の省庁に比べ事務的な拘束が少なく、経済的利潤を重要視する傾向にあるため[33]、環境保全の担当局との軋轢が生じる。

　さらに、法律を運用するための細則は通常、担当局が作成する。その際、さまざまな業務レベルで管轄の重複を調整する努力が求められるのにもかかわらず、こうした努力は至難な業であるというのが現状であろう。なかでも、ブリティッシュ・コロンビア州は連邦の介入を強硬に拒んできた歴史があり、連邦との連携はきわめてむずかしい。

　もうひとつの大きな障害は、先取権をもとにした水利権概念である。これはもともと、鉱業と大規模灌漑農業（とくに小麦）を推進するために導入された概念だといっても過言ではない。生態系保全という理念とは、水と油のような関係にある。たとえば、現在のアルバータ州やサスカチェワン州、マニトバ州の天然資源管理が連邦の管轄下にあった1890年代に連邦法として最初に成立した北西灌漑法は、当時のアメリカ西部で趨勢であった水利権の考えを導入している。その背後には、水資源を最大限経済発展のために利用しようとする功利主義的理念が見える[34]。

　カナダ政府やアメリカ政府は当時、小麦の輸出を主とした経済（カナダでは「小麦経済」と呼ばれる）を国策とし、農業入植に力を入れていたとはいうもの

の⁽³⁵⁾、環境保全に無関心であったわけではない。アメリカは1870年代に世界最初の国立公園を設立し、カナダは1880年代にそれに続いた⁽³⁶⁾。水質の問題についても、チフスやコレラなどが19世紀後半にアメリカ西部やカナダ西部でも問題を引き起こしており、水質改善の必要性は政府も感じていたはずだ。

それでも当時の水法にこうした環境管理や保全の理念が導入されなかった背景には、行政の担当区分による業務の専門化と細分化が大きな問題であったと考えられる。つまり、業務の細分化によって省内や省間の風通しが悪くなり、相互の意見交換や管轄重複への調整がむずかしくなったのである。

たとえば、先住民族の保留地で水質汚染が発生した場合を想定してみよう。先住民族の保留地への水利権配分を事実上管轄する州や、保留地業務を法律上管轄する連邦の担当局は、こうした事件には直接関与せず、環境省や厚生省がおもに関わることになる。環境省は水質汚染の状況を調査し、報告書をまとめる。厚生省は汚染による先住民族の健康障害などを調査し、報告書をまとめる。仮に先住民族が汚染を引き起こした企業を訴えることになった場合、内務省の先住民族業務を管轄する局が法務省との調整のもと、通常は法務大臣がその企業を訴える。環境省は汚染水を流した企業に行政指導や罰金を科すことができても、保留地の業務には関わらない。

そして、先住民族の被害者のために企業と法廷で争う場合は、違法行為法（トート法ともいう）に基づき、金銭的な補償による解決策を探ることになる。ただし、違法行為法は汚染による人体被害があったという証拠に基づき有効になる法律であり、水質汚染の防止はできない。こうした複雑なシステムのなかでは、環境問題への迅速な対応は容易ではない。

カナダやアメリカでいまだに多くの企業が有毒化学物質を廃棄して多額の罰金を払っている事実の背景には、もうひとつ皮肉な現実がある。1970年以降に制定された環境保護や水質汚染防止に関する法律にある罰則規定は、企業に対して、汚染物質管理はある程度改善させたが、廃棄をやめさせることはできなかった。その理由のひとつは、汚染物質処理施設を設置するのには膨大な資金が必要であり、利潤の増大に必死な企業にとっては余剰コストと捉えられることである。

実際、水処理施設建設には膨大な金額が必要だ。たとえば、1990年代にニューヨーク市へ水を供給する水域が汚染されたため市が浄水施設設置コストを

試算したところ、建設に60〜80億ドル、メンテナンスに年間3億ドルかかることが判明した。ニューヨーク市は施設建設をあきらめ、水源のキャッツキル山脈の森林を購入して水質保全をすることにしたという[37]。

廃棄物処理施設の建設とメンテナンス、人件費などを考えると採算が合わないと考える企業が出現しても、不思議ではない。たとえば、ジェネラル・エレクトリック社はPCBなどの有害物質をニューヨーク州の河川や土壌に違法廃棄した罪で、1990年だけで2回罰金を科された。そのほかにも、1990年代にアメリカ各地やイギリス、プエルトリコで有害物質の違法投棄のため15回以上有罪となり、罰金を科されている。ちなみに、この企業は日本を含めて原子力発電所の開発にも携わっていて、1990年代に3回以上安全上問題のある設計で罰金を科されたこともある。

法律学者のジョーエル・バーカンによると、これだけ常習的に違法廃棄を企業が行うのは、工場ごとの処理施設を建設するより罰金のほうが低コストであるからだという[38]。つまり、罰則規定というのは水質汚染を予防するための効果として必ずしも万全ではないということであろう。

4　伝統的知識を政策に取り込む

罰則規定以外の方法で開発による生態系への影響を予防する法的措置には、環境保護法などによるアセスメントの義務付けがある。ほかの先進国と比べカナダが進んでいるのは、アセスメントのプロセスに先住民族や地元民の生態系に関する知識の重要性をもりこんでいる点である。

カナダでは、先住民族や地元民の伝統的知識を政策レベルに取り込むという考えは1980年代から存在した。1990年代に入り、生物多様性条約の第8条(j)に対応するかたちで、その利用を法律文書に定着させてきた。第8条(j)では、生物多様性の保全や持続可能な利用に結びつく先住民族と地元民の知識、革新、実例の尊重、保存、維持を謳っている。また、伝統的知識の保持者が許容できる範囲内での知識を共有して、広い範囲にわたる生物多様性維持のための努力に利用するとしている[39]。

北西準州政府は1993年、「伝統的知識政策」を打ち出し、「先住民族の伝統的知識は自然環境とその資源、その利用、土地と人の関係に係わる情報源とし

て有効であり、本質的である」という意見を表明する。その後、世界最大の鉱業会社 BHP ビリトンが北西準州でダイヤモンド鉱山開発計画を出した際、北西準州政府は「文字に残っているか口承であるかにかかわらず、伝統的な生態系の知識を充分考慮するよう」義務付けた[40]。

連邦法では、1992年に制定された環境アセスメント法に、地元民や先住民族の伝統的知識をアセスメントに鑑みることを規定した条文がある(第16条)[41]。これは1文だけであるが、1999年に制定された環境保護法のなかで伝統的知識の重要性がさらに認められた。環境保護法はその運営に際して「伝統的先住民族の知識(この法律では、先住民族の伝統的知識と呼ばず、この用語を使っている)」の環境問題の解決への適用を謳っている(第2条)。また、環境保護法のもとで設置された各種アセスメントに関する各方面からの意見を検討する委員会のメンバー(3名)は、カナダの環境もしくは環境と人の健康の関係、伝統的先住民族の知識のいずれかに造詣が深くなければならないと規定した(第247条、第334条)。

2002年に制定された危惧種に関する法律は、1970年代以来絶滅危惧種のモニタリングをしてきた上述の絶滅に瀕した野生動物に関する委員会のなかに先住民族の伝統的知識に関する常設小委員会を設置した(第18条)。委員は、先住民族の組織や団体と協議して環境省大臣が任命する(第15条)。同委員会の業務全般においても、科学的知見に加えて、現存する最良の先住民族の伝統的知識に基づき遂行することが推進された(第10条)。この法律で先住民族の伝統的知識を重要視する背景には、「スチュワードシップ」という概念がある。

ここでいうスチュワードシップとは、地元民や市民グループと連邦政府や州政府などがパートナーシップを組んで、生物多様性の維持に協働体制で携わることを意味している。パートナーシップには、種のモニタリング、教育や啓発、回復のための実行計画や戦略の履行、生息域の保護などが含まれる。市民のエンパワメントを政策立案・履行レベルにまで許容した点で、かなり踏み込んだ内容となっている(第11条)[42]。

さらに、伝統的知識の利用にともなう知的所有権侵害の問題についても、連邦政府はある程度対処してきた。たとえば、2007年に決められた先住民族による石油と天然ガス開発に関する環境アセスメント規則では、先住民族が非公開のものとして扱ってきた情報について、その慣習を尊重するとしている(第

52条)。伝統的知識が内部の委員会で共有される場合も、その情報がむやみに外部に流れないよう措置をとることを求めている(第42条)[43]。カナダ国内法による伝統的知識の知的所有権に配慮した条文は、現時点ではこの規定ぐらいである。ほかの環境アセスメントの法律にこうした条文が盛り込まれるかどうかは、今後のカナダ政府の対応いかんであろう。

伝統的知識の有用性については、最高裁判所の判決にも反映されている。たとえば、ブリティッシュ・コロンビア州北部の先住民族が主張する伝統領土への権原について争った1997年の通称デルカムークゥ判決では、最高裁はこうした権原の存在を証明するための証拠として、伝統的に継承されてきた口承を加味する必要性を示唆した[44]。

カナダが批准する国際法や宣言のなかで、伝統的知識の保護に関するものは生物多様性条約以外にも、2007年の先住民族の権利に関する国連宣言(2010年採択)や、ユネスコの生命倫理と人権に関する世界宣言(2005年)、無形文化遺産の保護に関する条約(仮訳、2006年)、ILO第169号の先住民族や諸民族に係わる条約などがある。これらは、先住民族や諸民族の伝統的な知識の保護を先住民族が生まれもつ自然権の一部として捉えている。

5　伝統的知識政策の問題点

カナダが他国に比べて先進的に先住民族の伝統的知識を政策に取り入れてきた過程で、いくつかの問題点が顕在化してきた。

上記の伝統的知識を文言に取り入れた連邦法は国際法とリンクしたものだが、先住民族からの政治的な圧力に対する配慮もあった。とくに、絶滅に瀕した野生動物に関する委員会のなかに伝統的知識に関する常設小委員会を設置するという判断は、もともとヌナヴット準州の野生動物管理委員会からの要請に基づいている。1977年以来、生物種別の小委員会は設置してきたものの、先住民族の伝統文化や経済に影響を与える種についての懸案にも先住民族の意見が求められず、科学依存の「管理」体制が継続していたため、先住民族が多数派であるヌナヴット準州政府などに批判されていた。そこで、先住民族の役割を考慮に入れる考えが浮上したわけである[45]。

とはいっても、特定の生物種に特化した科学分野を教育背景にもつメンバー

が多数者であり、先住民族の伝統的知識について見識のない絶滅に瀕した野生動物に関する委員会や環境省にとって、伝統的知識の有用性を政策運用レベルで理解するのは困難だったようである。先住民族関連の業務は19世紀から内務省が管轄してきたため、環境省と先住民族との連携はあまりない。しかも、政府が伝統的知識の調査に雇用した民間コンサルタントは必ずしも該当先住民族の文化に精通しているわけではない。その多くが、雇用されながらも、口承を含めた伝統的知識を非科学的で信憑性に乏しいと信じていた。

　たとえば、フランシス・ウィドーソンとアルバート・ハワードは、先住民族の伝統的知識に関するコンサルタントの経験から、伝統的知識の政策を強く批判した。2人の著書によると、先住民族の「知識」と呼ばれるものは「事実」であるかどうかが曖昧な場合が多いから、まず信憑性を科学的に判断する必要性があるという。しかし、そもそも先住民族の知識は通常の科学的知識とは違うため、科学的尺度で信憑性を証明するのは困難である。つまり、先住民族は「信念」をもっているだけで、それはよく解釈しても「正しいと信じている意見」にすぎない。こうした非科学的信念を政策に反映するのは不可能であるという[46]。

　先住民族の文化や歴史に関するコンサルタントを長く務めてきたピーター・アッシャーは、伝統的知識の有用性に関するカナダ法の記述が曖昧である点を指摘した。また、伝統的知識の有用性については法律文書に書かれているだけで、どのようにそれを政策として履行していけばよいのかというロードマップが欠けていると述べた。

　ただ、アッシャーはウィドーソンとハワードの懐疑的スタンスとは異なり、伝統的知識政策の重要性については認めたうえで、政策履行へ向けた具体策の整備を提案した。そして、伝統的な生態系の知識の定義は先住民族と血縁関係にある人びとに限定されるべきでなく、人生経験や長年の観察のなかで獲得した特定の環境に関する知識が結果として特定の環境で効果的に機能してきたものであるという。ただし、その知識の所有者が慣習的な科学の教育を十分に受けていない、と定義するように提案した。

　伝統的知識に関する政策を先住民族に限定しないというアッシャーの定義は、生物多様性条約でいう「先住民族と地元民の伝統的な生態系の知識」に相当するだろう。また、1999年の環境保護法による地元民のエンパワメントと

もリンクするため、カナダの連邦政策に合致している。

　さらにここで注目したいのは、アッシャーが伝統という概念を時間軸のなかで一世代にも認めていることである。つまり、伝統的知識といえども必ずしも世代間にまたがったものであると証明する必要はないという。伝統という言葉は、英語では古めかしく変化しない「旧態依然」なイメージを想起させることもあるが、先住民族や地元民の環境に関する知識や観察は常に環境の変化に順応していくものであり、環境の変化への柔軟性も伝統であると指摘するのだ[47]。一方で、伝統を「旧態依然」と考える多くのオーストラリアの研究者は、あえて「先住民族の生態系の知識」という用語を使う傾向がある。

　生物多様性の維持にはできるだけ多くの地元民による参加が必要になることを考えると、アッシャーのいうように伝統的知識を広義に捉えたほうが政策履行に参加可能な人数が多くなるだろう。しかし、ここで留意しておかなくてはならない点がある。

　科学的な知見のように国際的な情報交換が比較的行いやすい現状とは違い、伝統的知識政策は政策履行のロードマップ作成情報の国際的な共有がむずかしい。というのも、伝統的知識の定義や呼び名、表現方法、政策履行にいたるまで、国や地域ごとに差異があるからである。地域に特化した政策は重要だが、生物多様性維持へのグローカル（あるいは多民族や越境的文脈）な視野の必要性を考えると、伝統的な生態系の知識に関して一定の期間地域レベルでの経験知を得ると同時に、国連のパーマネントフォーラムや生物多様性条約締約国会議などの場をとおした知識の国際的な補完性への模索も必要になるだろう。

　伝統的知識を生物多様性維持のために役立てるという政策には、もうひとつの問題がある。アッシャーは伝統的知識の理解のもとに利用価値を4つのカテゴリーに分けて具体的に説明するが、その価値判断基準を科学的管理優位の構図のもとにおいていることである。その4つのカテゴリーとは次のようなものである。

　第一は、環境に関する理性的な知識と呼べるもので、天候や水域の氷結状況、海水面の変化、潮流、動物の行動パターンなど、個人や集団による短期的・長期的な経験的観察に基づいたものである。第二は、過去や現在の環境利用に関する事実である。第三は、道徳観や倫理を含めた文化的な価値に関する表現である。第四は、文化に基づいた世界観である。アッシャーによると、とくに最

初の２つのカテゴリーについては、科学的な方法を用いた情報の記述が求められ、科学者による信憑性の確認が必要であるという。つまり、彼の提案する環境アセスメントはあくまで科学者主導のもとで行われ、それに伝統的知識を付録的に追加するというものなのである(48)。

一方、先住民族の組織はアッシャーとは逆の立場から地域の環境政策を考えている場合が多い。カナダの全土には600を超える「バンド」と呼ばれる町村レベルの自治体に近い政策履行組織が存在する。こうした組織の多くは、先住民族主導のもとで、科学的な知見も加味しながら、保留地内や伝統領土における伝統的環境利用を行おうとしている。仮に、アッシャーのいう科学者主導体制が政策レベルでトップダウンに反映されれば、先住民族組織から強い反発を受けることは必須である。しかも、科学者による伝統的知識の権威付けは知識の「同化」であり、こうした体制のもとで先住民族からの積極的な協力が得られるかどうかは疑わしい。

もうひとつの障害は、政府による生物多様性を維持するための政策の履行体制が政策理念と合致していない現状である。環境保護法は予防原則やスチュワードシップという概念のもとで、市民参加を政策履行レベルまで許容した。だが、実際の政策履行現場ではいまも科学者主導の政策勧告が行われており、その体制に対して先住民族や市民団体が抜本的改革を求めることはむずかしい。また、アッシャーのように科学的な証明が政策履行に必要だという意見が主流であるため、予防原則のいう科学的証拠がなくても場合によっては政策履行の可能性があるという理念と矛盾してくる。

予防原則や市民参加という文言が現行法に記載されていても、あくまで既存の科学依存型官僚体制への「参加」であり、市民や地元民の意見が反映されやすい政策履行体制の再構築というレベルにまではいたっていない。そのため、先住民族の伝統的知識が委員会での報告書に盛り込まれたとしても、そこから政策履行へはつながらないのである。

カナダ政府は伝統的知識の政策導入にいたった本来の理念に立ち戻り、生物多様性維持を含めた環境保全政策の効果的履行をする必要がある。具体的には、伝統的知識政策の履行数年後に、政策履行成果を評価することがあげられるであろう。そのための基準づくりも求められる。こうした基準や地域との協働体制が構築されなければ、先住民族をはじめとした多くの地元民の積極的な

参加や行動は得られないだろう。

　最後に指摘すべきカナダ政府による伝統的知識政策の問題点は、伝統的知識の知的所有権を保護するための国内法がいまだに弱いことである。先住民族の伝統文化はこれまで、さまざまな商業活動に文化専有されてきた。とくに、映画や小説、商標、特許、観光などに乱用されることが多い[49]。伝統的知識は多くの地域の間で共有され、直接商業活動と結びついていないため、「共有財産」とみなされがちである。個人の所有権や経済的利益の保護という法概念からアプローチするのはむずかしい。

　また、製薬会社や研究者が伝統的な治療法から「ヒント」を得て新薬を開発し、その開発者が特許による法律の排他的保護を得た場合、ヒントを与えた伝統的知識の保有者は利益配分の対象とならない。ただし、開発者と伝統的知識保持者との間で商業倫理的観念(企業の社会的責任など)から利益配分に関する独自の合意があれば、話は別である[50]。

6　倫理からのアプローチの可能性

　1990年代以降カナダを含めた国際社会は、先住民族の積極的な国際会議への参加や政治的な運動に影響をうけて、国際法だけでなく倫理的指針の作成に着手してきた。その背景には、国際法や国内法の整備のみでは権利や環境に関わる問題を解決できないという認識がある。

　もともと第2次世界大戦後の人権思想や医療、研究に関わる国際法・国内法の発展がニュルンベルク・コードやヘルシンキ宣言などの倫理的指針に影響されたことを考えると[51]、伝統的知識に関する倫理的指針も将来さらなる法整備につながる可能性はある。また、先住民族や地元民の伝統的知識が有用であるという考えは、文化の多様性や地域性、ひいては地域に根ざした環境ガバナンスを助長していくことにもつながる。それは、科学の世界が先住民族の世界観を同化するのではなく、適切な相互理解に基づいた科学者や政府、先住民族との相互利益になる役割分担が望まれるということでもある。

　法律は、インフラ整備や予算配分、管轄の定義や役割分担は明確にできる。しかし、伝統的知識を抱擁する新たな政策履行体制を構築するには、体制のなかで働く人びとの倫理観の涵養が基盤になるだろう。こうした底上げの重要性

を理解したうえで、筆者は倫理的なアプローチから現行法の体制を補完し、さらに将来への発展につなげることを提案したい。

実は、この提案に近い動きは国際社会ですでに見られる。2010年に開催された第10回生物多様性条約締約国会議でも、伝統的知識に関する倫理的な枠組みが検討された。とりわけ重要なのは、会議後に出された「先住民族および地元民の文化と知的財産の尊重を保障するための倫理的行動に係わる規約の要素(筆者仮訳)」という文書である。

これは締約国が生物多様性条約の第8条(j)に関わる政策を履行するための倫理的指針となるものであり、法的拘束力はない。むしろ、締約国内での教育・啓発活動に省庁だけでなく教育機関や企業、市民団体などが広く関わることで、伝統的知識の重要性を理解するための自発的努力を援助する立場を基本姿勢にしている。具体的には、倫理原理を以下の10項目に分類できる。①国内法の順守、②文化・知的所有権の尊重、③雇用・性差別などの排除、④開発などに関する情報の透明化、⑤事前の説明義務と自由意思による同意、⑥多文化間の相互理解と尊重、⑦団体・個人の権利の保護、⑧公平で均等な利益配分、⑨友好関係の維持・強化、⑩予防アプローチ[52]。

これらはおもに、経済開発が先住民族や地元民に影響を与えるケースを想定している。特筆すべきは⑥〜⑧であろう。

⑥では、先住民族や地元民にとって外部要素となる概念や基準、価値判断を押し付けないようにすすめている。たとえば、アッシャーが提案したような伝統的知識の科学的な記述・証明は必要なくなる。

⑦では、先住民族と地元民の文化・知的所有権を個人と団体に認めることを求めている。狭義に所有権概念を理解すると、知的所有権の保護には権利の排他的所在が明確でなくてはならない。しかし、最近では文化遺産や文化的所有権という広義な所有権理解の立場から、共有財産への団体による共同管理権を認めようとする動きがある。国内法における所有権概念がここまで柔軟になれば、伝統的知識の保護に現行法でも対応可能な幅ができる[53]。この概念を応用して文化遺産と生物種保護をリンクさせれば、絶滅危惧種でなくとも生態系を文化遺産として保護する可能性も生まれてくる。

実際、カリフォルニア州の連邦裁判所に提訴された沖縄のジュゴン生態系を保護する裁判では、ジュゴンと辺野古湾住民を含めた原告が歴史遺産保存法に

よって、ジュゴンと辺野古湾の地元民との歴史・文化的重要性を訴え、アメリカ防衛省と争った。2008年に出された判決は原告の実質的勝訴となった。判決のなかでとくに重要なのは、ジュゴンの生態系である辺野古湾が地元民にとって歴史・文化遺産であることを認めた点である。また、裁判所はアメリカ軍が適切な環境アセスメントを怠ったとして、基地移転前に環境アセスメントを行うことを支持した[54]。

⑧は、先住民族や地元民の知識から生物多様性維持への効果を得られる場合に、どのように公正な利益配分が可能かを考えるものである。基本的にはステークホルダーの間で議論を推進し、合意形成への努力をすることを締約国に求めている。この原理を科学的管理の視点からみると、名古屋議定書の第7条と第12条にリンクする。つまり、研究者や企業が先住民族や地元民から得た情報を技術革新や製品へとつなげた場合、金銭的見返りや技術協力、経済支援などによる利益配分が必要だということである。これを市民のエンパワメントという視点からみると、地元民が自助努力で地元の環境を改善することを促し、地域文化再生への手掛かりとなるだろう。これについては2010年の名古屋議定書で大きく取り上げられている。

これらの倫理原理は、先住民族や生物多様性条約事務局が長年着手してきた倫理的規約の一部が認められたものである。たとえば、2004年に生物多様性条約事務局は先住民族との協議の結果、「アクウェ：コン指針」（カナダのモホーク民族の言葉で、「万物は創成過程にある」という意味）と呼ばれる倫理指針を出し、とくに環境アセスメントに先住民族や地元民の伝統的知識を導入する際の注意事項や具体的な市民参加体制のモデルを提案した。

それによると、先住民族や地元民は、環境アセスメントの準備段階から開発計画の選考、影響評価、決断、モニタリング、監査にいたるすべてのプロセスに関与する。その過程で開発計画が環境に重大な影響を及ぼす場合は、開発規模の縮小、代替案の提案などを勘案する。

さらに、この倫理指針の特筆すべき点は、先住民族と地元民の参加を効果的にするために、女性や若者、高齢者など社会的「弱者」の視点を取り入れるようにすすめていることである。現在、カナダの開発に関わる先住民族との交渉は選挙で選ばれたバンドのチーフや評議員がおもに関わる。そのため、伝統的な指導者であった長老グループや女性の声が反映されない場合が多い。こうし

た現状を打開するには、長老や女性、若者の意見を取り入れることを今後さらに重要視すべきであろう。

　以上は、開発に付随する問題を回避・軽減するための、いわばリスク管理的倫理指針といえるものであろう。しかし、これらの指針が想定するシナリオは経済開発が先住民族や地元民へ被害を与えることになっており、先住民族や地元民の内部で複雑に利権がからんでいる現状を捉えきれていない。また、すべての伝統的知識や知恵が必ずしも現行アセスメント体制に資するとは限らない。

　現段階では、伝統的知識は「科学」の分野やアセスメント体制に資するものであるという認識は、論理的にも現実的にも無理があることを認識しておくべきである。そもそも伝統的知識政策は、科学的管理依存から脱却し、予防原則のもとで市民が積極的に政策履行に参加するというシナリオを推進するために始まった。将来、より効果的な政策履行を実現していくには、非科学的にみえる情報であっても柔軟に対応できるシステムの構築が必要である。

　同時に、先住民族をはじめとした地元民の自治権を強め、地域レベルでの問題解決へ向けたインセンティブが求められる。その場合、環境保全に特化せず、水利権など経済利益をともなう開発に関わる問題を含めた議論が必要であろう。

　筆者の提案は、長期的な視野に立った研究倫理と教育制度の改善をも意味している。つまり、授業、講演、実習などをとおして、広範囲の市民を対象とした地道な努力が必要であると考える。なぜなら、政策履行に関わる多くの人びとが科学的知見だけでなく地域に根ざしてきた知識や知恵の価値を理解できなければ、結局は科学的な基準に依存することになるからである。この点は、国内における文化の多様性を助長する必要性ともリンクする。また、生物多様性維持を含めた環境問題改善への努力をこれまで以上に多様化させることで、新たな研究開発や政策を創成する可能性をも生むだろう。

　最後に、これまで述べてきた倫理的アプローチの可能性について、筆者の所見を含めて以下の5点にまとめる。

　①伝統的知識政策は包括的に見直される必要がある。その際に留意すべき点は、効果的な政策履行を可能にするための市民のエンパワメント（あるいは環境ガバナンス）体制の確立である。

②先住民族や地元民が生物多様性維持に効果があると納得できる知識や知恵（あるいは伝統知）は、予防原則に基づくべきである。

③そのためには、多くの市民の間で地元の伝統知に関するさらなる理解が必要である。

④伝統知を共有し、生物多様性維持に利用する際には、知的所有権や研究倫理にも配慮し、公正な利用と適切な利益配分の合意が必要である。

⑤地域に根ざした環境知は倫理的価値観を含むため、科学による恣意的な情報の抽出を避け、「知恵」を含めた理解、つまり伝統知の文脈のなかでの理解が重要である。

将来、伝統知は生物多様性維持や環境アセスメントのレベルにとどまらず、自然災害、温暖化、環境教育、新薬開発、遺伝資源の保全、持続可能な農業、都市計画など、さまざまな分野で生じる問題への対策に有効となる可能性をもっている。また、地域レベルの総合的な環境ガバナンスにも欠かせない要素になっていくと筆者は考える。そのためにも、日本を含めた多くの国がカナダの経験から学べることは少なくないだろう。

(1) David Boyd (2003), *Unnatural Law: Rethinking Canadian Environmental Law and Policy*, Vancouver: UBC Press, p. 13.
(2) O. P. Dwivedi, Patrick Kyba, Peter J. Stoett, and Rebecca Tiessen (2001), *Sustainable Development and Canada: National & International Perspectives*, Peterborough, ON: Broadview Press, p. 31.
(3) 上記(1), p. 14.
(4) Inquiry on Federal Water Policy (Can.) (1984), *Water Is a Mainstream Issue: Participation Paper*, Ottawa: The Inquiry, pp. 12-15.
(5) 上記(1), p. 15.
(6) たとえば、Larry Pynn (2007), "Flame Retardant Growing Threat to Killer Whales," *Vancouver Sun*, March 14 を参照。
(7) Robert J. Naiman, Henri Décamps, Michael E. McClain (2005), *Riparia: Ecology, Conservation, and Management of Streamside Communities*, San Diego and London: Elsevier Academic Press, pp. 274-275.
(8) 上記(1), p. 15.
(9) 上記(2), p. 29.
(10) そのほかの内訳は両生類15種、鱗翅類6種、地衣類4種、軟体類8種、爬虫類19種となっている（「カナダにおける絶滅に瀕した野生動物の現状に関す

る委員会(COSEWIC)」の 2000 年の報告書、27 〜 28 ページ、参照)。
(11) カナダの準州は、州レベルの行政組織をもつ。選挙で選ばれる議員は連邦政府によって任用され、天然資源や土地、課税、先住民族に関する管轄権は連邦政府がもつ。
(12) Peter Usher(2000),"Traditional Ecological Knowledge in Environmental Assessment and Management", *Arctic*, Vol. 53, Iss. 2, p. v183.
(13) マニトバ州は 1870 年から、アルバータ州とサスカチェワン州は 1905 年から州となったものの、1930 年まで連邦政府が天然資源利用の管轄権を握っていた。
(14) Kenichi Matsui(2009), *Native Peoples and Water Rights: Irrigation, Dams, and the Law in Western Canada*, Montreal: McGill-Queen's University Press.
(15) Harriet Rueggeberg and Andrew R. Thompson(1984), *Water Law and Policy Issues in Canada*, Vancouver: Westwater Research Centre, University of British Columbia, pp. 3-4.
(16) Cole Harris, ed.(1987), *Historical Atlas of Canada: From the Beginning to 1800*, Toronto: University of Toronto Press, plate 51.
(17) 上記(14)。
(18) Clesson S. Kinney(1912), *A Treatise of the Law of Irrigation and Water Rights and the Arid Region Doctrine of Appropriation of Waters,* 2nd ed., Vol. 1, San Francisco: Bender-Moss Company, pp. 759-773, 1037-1055.
(19) 上記(14)。
(20) 上記(14)。
(21) 上記(18), pp. 284-292 を参照。
(22) 上記(1), pp. 16-23 を参照。
(23) Canada Water Act(Can.)(1985), R. S. C., ch. C-11 を参照。
(24) Arctic Waters Pollution Prevention Act(Can.)(1985), R. S. C., ch. A-12 を参照。
(25) Fisheries Act, R. S. C.(Can.)(1985), ch. F-14 を参照。
(26) Canadian Environmental Protection Act(Can.)(1999), S. C., ch. 33 を参照。
(27) Canada National Marine Conservation Areas Act(Can.)(2002), S. C., ch. 18 を参照。
(28) 上記(1), p. 30 を参照。
(29) Mehran Alaee(2006), "Editorial: Recent Progress in Understanding of the Levels, Trends, Fate and Effects of BFRs in the Environment", *Chemosphere*, Vol. 64, pp. 179-180.
(30) 上記(4), p.18 を参照。
(31) Environment Canada, "The Beginning," www.ec.gc.ca/default.asp?lang=En&n=BD3CE17D-1(2011 年 5 月 16 日参照)。

(32) 上記(14), pp. 40-63 を参照。
(33) カナダやアメリカは 20 世紀初めから水力発電事業を公共事業とみなしてきた。電気・水道の供給サービスについては、アメリカでは民間企業の参入が多いが、カナダでは公団による運営が一般的である。その背景にあるのは、民営化による電気・水道料金の高騰の回避である。とくに、アメリカや海外からの工業を誘致するためには電気代や水道代を低価格に抑えること（ブリティッシュ・コロンビア州では無料）が重要であるとカナダの各州政府は考える傾向にある。
(34) 上記(14), pp. 89-95.
(35) V. C. Fowke (1957), *The National Policy & the Wheat Economy*, Toronto: University of Toronto Press.
(36) Janet Foster (1998), *Working for Wildlife: The Beginning of Preservation in Canada*, 2nd ed., Toronto: University of Toronto Press.
(37) Edward O. Wilson (2002), *The Future of Life*, New York: Vintage, pp. 107-108.
(38) Joel Bakan (2004), *The Corporation: The Pathological Pursuit of Profit and Power*, Toronto: Penguin Canada, pp. 74-79.
(39) Convention on Biological Diversity, Rio de Janeiro (June 6, 1992). 1993 Misc. 3, Cm. 2127. Reprinted in Burns H. Weston, Richard A. Falk, and Hilary Charlesworth, eds. (1997), *Supplement of Basic Documents to International Law and World Order*, 3rd edition, St. Paul, MINN.: West Group, pp.1101-1102.
(40) 上記(12), p. 183.
(41) Canadian Environmental Assessment Act (1992), S. C., ch. 37 (Can.), at s. 16 を参照。
(42) Species at Risk Act (2002), S. C., ch. 29 (Can.) を参照。
(43) First Nations Oil and Gas Environmental Assessment Regulations (2007), SOR/2007-202 (Can.) を参照。
(44) *Delgamuukw v. British Columbia* (1997), 3 S. C. R. 1010 を参照。
(45) Robert Boardman, Amerlia Clarke, and Karen Beazley (2001), "The Prospects for Canada's Species at Risk", in Karen Beazley and Robert Boardman, eds., *Politics of the Wild: Canada and Endangered Species*, Oxford: Oxford University Press, p. 226.
(46) Frances Widdowson and Albert Howard (2008), *Disrobing the Aboriginal Industry: The Deception behind Indigenous Cultural Preservation*, Montreal: McGill-Queen's University Press, pp. 233-234.
(47) 上記(12), p. 186.
(48) 上記(12), pp.186-187.
(49) Rebecca Tsosie (2002), "Reclaiming Native Stories: An Essay on Cultural

Appropriation and Cultural Rights", *Arizona State Law Journal,* Vol. 34, No. 1, pp 299-355.
(50) Nuno Pires de Carvalho (2009), "Traditional Knowledge: What is It and How, If at all, Should It be Protected?" in Charles McManis, ed., *Biodiversity & the Law: Intellectual Property, Biotechnology & Traditional Knowledge,* London: Earthscan, pp.241-247.
(51) ニュルンベルク・コードは、第2次世界大戦後にドイツの戦犯に対して行われたニュルンベルク裁判の副産物である。この裁判では人体実験を行った科学者23名が裁かれ、その後1949年に10カ条の人体実験に関する倫理規定が出された。世界医師会は1964年、この10カ条を取り入れた倫理規定をヘルシンキでの例会で採択し、「ヘルシンキ宣言」と呼ばれるものを出した。詳しくは Robert F. Drinan (1992), "The Nuremberg Principles in International Law", in George J. Annas and Michael A. Grodin, eds., *The Nazi Doctors and the Nuremberg Code: Human Rights in Human Experimentation*, Oxford: Oxford University Press, pp. 174-182 を参照。
(52) Convention on Biological Diversity (2010), "Article 8 (j) and Related Provisions: Elements of a Code of Ethical Conduct to Ensure Respect for the Cultural and Intellectual Heritage of Indigenous and Local Communities", Nagoya.
(53) Kristen A. Carpenter, Sonia A. Katyal, and Angela R. Riley (2009), "In Defense of Property", *Yale Law Review* 118, pp. 1022-1118.
(54) *Okinawa Dugong v. Gates* (2008), 543 F. Supp. 2d 1092 を参照。

第6章 サゴヤシ利用の変遷と多様性の管理

西村美彦

1 多様な用途に使われるヤシ——生物的特徴と農業資源としての魅力

　ヤシ類は熱帯から温帯まで地球上に広く分布し、種類も多い。昔から、各地の人びとによって多くの用途に用いられてきた。なかでも、典型的な熱帯の生物資源としてのヤシは、さらに多様な生態を有している。それは現地の人びとの生活にとって欠かせない重要なものであり、利用目的も多様である。

　日本人にもっともなじみのあるヤシは、歌にも唄われているココヤシ[1]であろう。実をジュースとして飲むのが一般的だと思われているが、用途はそれにとどまらない。実から採れるココナツオイルは、貴重な植物油として料理に使われてきた。18世紀前後に熱帯からヨーロッパに持ち込まれた、当時の熱帯地域の重要な輸出産品である。熱帯に暮らす人びとは殻のまわりの繊維からマットを作り、樹幹は木材や燃料として利用していた。スリランカの農家では、「8本のココヤシがあれば最低限一家を養える」と言われているほど、すべての部分が利用される。

　近年はアブラヤシのエステート（大農園）が東南アジア、アフリカ、中南米で拡大し、パームオイルが工業用の原料として輸出されている。生産量では、最近プランテーションが急激に増えたインドネシアがマレーシアを抜き、世界一の輸出国になった。

　また、熱帯砂漠地帯のオアシスではナツメヤシが植えられ、甘い実が食べられる。熱帯湿潤地域ではサトウヤシやパルメラヤシの生産物を生活に利用する。花軸を傷つけると出る樹液を集め、煮詰めて生産する砂糖は、その典型例である。樹液を発酵させれば、蒸留酒のアラックが造られる。

　ヤシの用途は油脂や糖分の生産だけではない。幹が細く、竹のように伸びる（シュート）ロタンヤシは、椅子や机などの材料となる。かつての東南アジアでは、パルメラヤシやタラパヤシの葉の一部が経文を綴る材料として、紙の代わ

りに用いられた[2]。このほか、刺激性があるビンロージュの種子と石灰をキンマの葉に包んだ噛みタバコは、庶民の日常生活に欠かせない。トックリヤシの一部は、美しい色と姿によって観賞用として植えられている。

ヤシは、光合成生産物を糖類や澱粉や油脂に変えるという多様な物質変換機能と、生成物を植物体に貯蔵する機能をもつ。こうした生理的特徴をあわせもつ植物は特異であるといえよう。なかでも、幹の中に澱粉を蓄えるサゴヤシは、東南アジアや大洋州諸島のパンノキやイモ類、バナナと同様に、貴重な主食植物として重視されている[3]。本章では、サゴヤシのさまざまな利用形態や現地住民の生活とのかかわりを中心に論じていく。

サゴヤシはニューギニア島を原産地とし、その東側の大洋州諸島や西側の東南アジア地域に広く分布する。インドネシア、マレーシア、フィリピンのミンダナオ島、セブ島、レイテ島では、現在もサゴ澱粉が食される。なお、タイやミャンマー(ビルマ)でも、サゴヤシの存在が確認されている。

葉は編んでシート状(マット)にして、家の屋根を葺く材料や壁などの建築材料に利用されている。フィリピンでは、澱粉より建築材料としての利用が多い。さらに、幹の部分や生長点も有効に利用されている。このように、生活に密着しているサゴヤシ[4]の生産技術と経済的側面を紹介しよう。

2 食文化としてのサゴ澱粉

サゴ澱粉を食するのは、おもに大洋州諸島と東南アジアの湿地帯である。ニューギニア島では、山間高地はサツマイモが主食で、サゴヤシの自生林が広がる海岸地域の低湿地ではサゴ澱粉が主食だ。インドネシアやマレーシアの低地部でもサゴ澱粉が主食となるが、米と組み合わせた形態である。

サゴヤシの伝播においては、インドネシアの南東スラウェシ州がニューギニア島から西側に伝播していく西ルートの中間的な位置にあるとされる。南東スラウェシ州では、先住民のトラキ人が古くからサゴヤシを利用し、焼畑による自給農業と狩猟・採集生活を営んでいた[5]。主食は、焼畑で収穫される陸稲、雑穀、イモ類と、サゴ澱粉である。その後の近代化にともない、水稲栽培やカカオなどの永年作物栽培が増えている。

焼畑では雨期に入る12月ごろに、播種を行う。陸稲に加えて、アワやヒエ

などの雑穀、ナスやオクラやアマランサスなどの野菜や甘味料となるソルガム（コーリャンまたはキビ）が混作されてきた。通常、陸稲の収穫は5〜6月で、モミあるいは穂刈の状態で貯蔵され、12月ごろまで食べる。陸稲がなくなると、低地部に出かけ、自生しているサゴヤシから澱粉を抽出して主食に充てる。当地でのサゴヤシの植栽は限られている。

　このように、陸稲とサゴ澱粉のローテーションによって、主食供給の安定化を図ってきた。サゴヤシは他の作物が育ちにくい湿地で育つので、救荒作物としても位置づけられ、熱帯湿潤地域における食料確保の点から重要である[6]。

　一般的には練り状の澱粉をスープと一緒に食べ、シノンギ（トラキ語）と呼ばれている。のどごしがよく、消費量が多い。ただし、純粋な澱粉質だけだから、タンパク質、ビタミン、ミネラルを補う必要がある。スープには、野菜、川で獲れた魚、猟で獲った鹿の肉などを入れる。

　クッキーはじめ菓子の材料にする場合も多い。サゴ澱粉を砂糖、卵、ココナツオイルなどと混ぜ、練って成形し、オーブンで焼く。スラウェシ島では、これをバゲヤと呼ぶ。サゴパールと呼ばれるデザートも、昔からよく食べられてきた。小さなボール状のゼリーにして、シロップなどの甘味料をかける。もっとも、最近はいずれも、消費量が減っている。

　ミンダナオ島では、練ったサゴ澱粉に野菜などを混ぜてバナナの葉に包んで蒸したり天ぷらのように揚げたりしたが、現在ではこれを食べるのは、お祭りなどの機会に限られる。筆者の経験では、赤砂糖ときな粉を使って作った餅ゼリーは、日本のわらび餅以上に美味であった。

　さらに、工場では加工品としてビーフンに似た麺も作られている。この場合は多量の澱粉が必要で、各地からの買い付けが必要となる。

　なお、日本では麺類の打ち粉やアレルギーをもつ人向けの食材として利用されている。

3　サゴヤシの多目的利用

1）求められる新たな利用形態

　最近では水稲の普及によって、主食としてのサゴ澱粉の重要性が薄れている。そこで、貨幣経済が発展するなかで有用資源としてのサゴヤシの新たな利

図6-1 サゴヤシの多様な利用の模式図

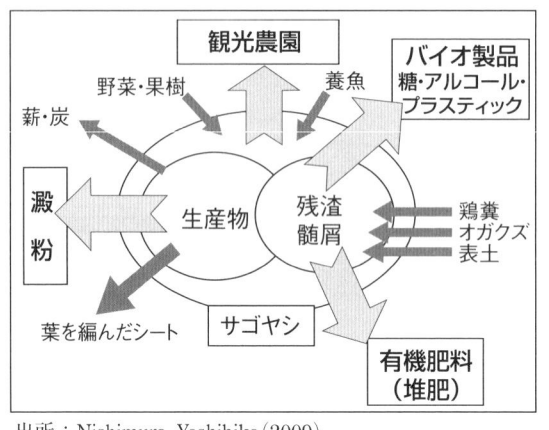

出所:Nishimura Yoshihiko(2009).

用の工夫が求められるようになった。ここでは、サゴヤシの多目的利用として、生産、残渣、観光の3つの要素の経済性について考察する(図6-1)。

2009年8月に南東スラウェシ州のサゴヤシ利用(植物体全体の利用と生活での活用の知恵)について、サゴ農家、サゴ澱粉生産グループ、市場から聴き取り調査し、2010年5月には同州の州都クンダリ市周辺を中心に再度調査した。

生産物には、澱粉に加えて、葉と幹皮が含まれる。澱粉抽出後の残渣髄屑は、セルロースの屑として再利用を図る。残渣髄屑には抽出できなかった澱粉が半分くらい残っているので、鶏糞、オガクズ、表土を混ぜて有機肥料を生産する。また、この残渣を発酵させて糖、アルコール、プラスティックを生産する。さらに、サゴヤシを伐採した跡地を観光農園として利用する[7]。このほか、化石燃料の代替としてバイオ燃料の開発が進むなかで、残渣髄屑の利用も検討されている。

2) 澱粉生産とシート生産の利益

サゴヤシから生産される経済的価値があるものは、澱粉、葉を編んだシート、幹の表皮だ。幹の表皮は乾かして薪にしたり炭にしたりするが、ほとんど自家用である(幹の髄をくり抜いてボートにしている地域もある)。

澱粉はサゴヤシの主たる生産物である。現在も南東スラウェシ州のようなインドネシア東部の農村では、主食のひとつだ。サゴヤシの品種によって澱粉量は異なる。クンダリ市周辺では「モラート(ロエ)」「ロタン」「トゥニ」と呼ばれる3種がおもに使われる[8]。トゲがなくて大きくなるモラートの収量が多く、農民に喜ばれる。澱粉抽出作業は約4人のグループで行われる。クンダリ市周

辺には5グループが残っているにすぎない。

　澱粉抽出作業を行うグループは、すべてを自分たちのサゴヤシ林から切り出しているわけではない。足りない場合は近隣農家から購入する。クンダリ市周辺のサゴヤシ林は限られているため、サゴ澱粉抽出農家は抽出作業をしていない農家から購入している。品種や大きさにもよるが、サゴヤシの木1本が7万～20万ルピア[9]で購入できる。1グループで年間500～600本のサゴヤシを必要とすると、約10ha以上のサゴヤシ林が確保できなければ、経営が成り立たない。抽出作業場から遠い場合は、幹を輪切りにし、約1mの丸太状（サゴログと呼ぶ）にして運ぶ。

　幹からは、できるだけ多くの澱粉を抽出しなければならない。一般に、幹の30%が樹皮、70%が髄部とされている。髄部の70%が水と繊維で、30%が澱粉である。したがって、たとえば2000kgの幹であれば420kgの澱粉が得られる。

　事例をみてみよう。サゴ澱粉の農家庭先価格は1バッグ（約16kg）[10]あたり3万ルピア、1kgあたり約1880ルピアとなる。サゴヤシ1本（2000kg）から420kgの澱粉を抽出すると78万9600ルピアとなる。4人1グループで作業を行った場合、オーナー（事業主）が収益の半分を取り、残り半分を4人で分配する。オーナーの取り分は39万4800ルピアで他のメンバーは一人あたり9万8700ルピアとなる。

　平均的なサゴヤシ澱粉の場合、農家の庭先価格は1kgあたり1500～2000ルピア、市場価格は2500～3000ルピアである。一般労働者の日給は2万5000～3万5000ルピア、クンダリ市の西側を流れるポハラ川の砂取の賃金が5万～7万ルピアだから、サゴヤシ澱粉の抽出加工は金銭的に有利であることがわかる。なお、米の値段は市場で1kg約5000ルピアである。

　先に述べたとおり、1本（2t相当）のサゴヤシからの澱粉収量は420kgである。南東スラウェシ州の水稲の10aあたり収量（反収）は200～300kgだから、420kgの水稲の収穫をするためには約20aの水田が必要となる。ただし、価格は米のほうがサゴ澱粉より1.5～2倍高いので、10aあれば計算上同等の収入を確保できる。したがって、経済的にみて南東スラウェシ州では、1本のサゴヤシは約10aの水稲の収量に相当する。

　サゴヤシの葉は、ニッパヤシの葉と同様に屋根葺き材料として使われている。現地住民によれば、サゴヤシの葉のほうがやや長持ちするという。1.6㎡

表 6-1　澱粉抽出残渣からの有機肥料生産経費の試算

	支出（万ルピア）						販売益		純益（万ルピア）
	材料費	人件費	運搬費	市場手数料	袋詰めとラベル貼り料	支出小計	価格（ルピア／kg）	利益（万ルピア）	
ケース1	3697.6	3240	3900	5400	1050	1億7287.6	1800	5億4000	3億6712.4
ケース2	3297.6	3240	3900	5400	1050	1億7287.6	1500	4億5000	2億7712.4

注1：6か月に300tの有機肥料を作成した実績を計算した。
注2：サゴ残渣髄屑160t、鶏糞63t、オガクズ63t、表土51t、合計337tを使用する。材料費の合計は約3697.6万ルピアである。
注3：人件費は、労働者5人で月24日労働で日当3万5000ルピア、マネージャー1人で月24日労働で日当5万ルピアである。
注4：運搬費は輸送費を130ルピア／kgとした。
注5：袋詰めとラベル貼り料は35ルピア／kgとした。
注6：ケース1はニッケル会社に販売、ケース2は個人農家や一般消費者に販売した。

で1シート作られ、1シート2000ルピアで売られる。1本のサゴヤシから18葉を収穫し、50シート作成できるので、10万ルピアの収入がある。

3）残渣の活用

サゴヤシから澱粉を抽出後の残渣髄屑は粕として野積みにされ、捨てられていたが、最近はこれを利用して有機肥料(堆肥)を生産するようになった。自家用だけでなく、商業用に生産しているところもある。

残渣髄屑には半分近くの澱粉残量があるから、残渣の利用は資源再利用の観点から意義がある。そこで、残渣を利用した有機肥料の商品化の経済性分析を、クンダリ市郊外のアベリサワ村の有機肥料生産プロジェクトで行ってみた。有機肥料生産経費の試算の詳細は表6-1を参照していただきたい。

この有機肥料生産で問題なのは、鶏糞が高いことである。一方で、労働力を必要とするが、賃金は安いため、非常に大きな利益が見込まれる。

なお、この有機肥料はPupuk Organik(MOF:821)として市販されている。肥料成分は窒素、リン酸、カリ(N：P：K)比で10：6：20と表示されているが、最近の分析結果はない。

4）観光農園としての新しい活用

　サゴヤシを伐採した跡地を、菜園や養魚池として活用するとともに、景観を整備してエコガーデンをつくり、憩いの場とする計画である（写真6-1）。近年エコツーリズムやグリーンツーリズムが広がってきているので、サゴヤシ林についても以下のような再利用の可能性を検討した。

①菜園

　カンコン（空芯菜）、カラシナ、ニガナなどの葉菜、ナスやトマトなどの果菜、コリアンダーなどの香料野菜を栽培する。また、サゴヤシ林跡地に適するパキス（コゴメなどのシダ類）はカンコンなどよりも2～3割高い値段で売れる。

②果樹園

　レモンやライムなどの柑橘類、パパイヤ、パイナップルなどが適しており、開発のポテンシャルが高い。

③養魚池

　一部に池を造り、養魚を行う。水の循環が少なければナマズ類、循環が多ければテラピアやコイなどの養魚が可能である。

　このような多目的農園は古くからジャワ島で運営されている。たとえばソルジャン栽培[11]やミナパディシステム[12]などは、十分に利用できる栽培方法である[13]。

　こうした農園を整備して観光目的とする計画がある。一部を伐採したサゴヤシ林に池と畝（耕作地）をつくり、景観を整える。休憩やだんらん用の施設を建設し、憩いの場を設けることで、訪問者に安らぎを提供できる。農園としての利益だけでなく、サゴヤシ林と組み合わせた景観によって、サゴヤシの付加価値が高められるのである。エコツーリズムとグリーンツーリズムによって農村が活性化されるであろう。

写真6-1　サゴヤシ林跡地を整備した庭園（池と菜園）

4　サゴヤシ澱粉の抽出方法の地域的多様性

　サゴヤシの幹に貯蔵されている澱粉を抽出する方法は単純ではあるものの、その方法や装置に地域性があり、形態が多様化していることが明らかになってきた。これは民族固有のサゴヤシ澱粉利用においてローカル資源の利用や経済的要素の違いが影響して、地域特有な作業形態を形成してきたものと考えられる。そこで、地域の伝統的抽出方法を調査して、装置や方法のグループ化を図り、その地域分布から生活と文化の違いを考えてみる。

1）抽出作業の流れ

　サゴヤシの澱粉含有量は開花直前がもっとも多いとされている。各地の人びとには、それぞれの伐採時期の判断基準がある。たとえば南東スラウェシ州のトラキ人は、サゴヤシの頂点の葉が白くなる（粉を吹く）ときや、若い葉の中脈が黒くなるとき、幹に小穴を開け、澱粉の詰まり方と樹皮の厚さで判断する[14]。

　抽出作業は、サゴヤシを伐採した場所で行う場合と、サゴログを粉砕したオガクズ状の髄屑を抽出場所に集めて行う場合がある。水が得られる川岸や沼の周辺に抽出装置を設置して、通常は数人でグループを組んで作業する。

　伝統的抽出方法の基本作業工程は、サゴヤシの伐採・切り出し、幹の小片化（ログ）、幹割り、髄の粉砕、澱粉濾し（髄屑の水洗い）、澱粉の抽出、水切り、容器詰めである。これらの作業には伝統的資源を利用した道具や装置が使用される。その方法には地域的な差があり[15]、原産地のニューギニア島から東南アジアや大洋州諸島に伝わるにつれて変化していったと考えられる[16]。とくに注目されるのは、①髄を粉砕する道具と方法、②抽出装置と抽出方法の違いである。おもな地域の方法を紹介しよう。

2）髄の粉砕作業

　髄の粉砕は、削り斧、おろし金、破砕機で行われる[17]（表6-2）。

　南東スラウェシ州のクンダリ市では、輪切りにしたサゴヤシの幹やログの髄を細かく砕く（写真6-2）。木や竹で造った手製の削り斧（木槌）で、端から粉砕していく。地域によって柄の長さや形が多少異なるが、打点の頭に鉄のリング

表 6-2　髄屑の粉砕作業の地域的分類

作業型式	地　　域
削り斧	ニューギニア島、アンボン島、スラウェシ島(東側)、ミンダナオ島
おろし金	スマトラ島、スラウェシ島(西側)、カリマンタン島(サラワク州)
破砕機	スラウェシ島(西側)、スマトラ島、カリマンタン島

写真 6-2　削り斧による座ってのサゴヤシ髄の粉砕作業(南東スラウェシ州)

がはめられている。フィリピンでは曲がった一本の木から造ったり竹を湾曲に曲げたものもあり、いずれも自然の材料が利用されている。この形態は、ニューギニア島やインドネシア東部(アンボン島やスラウェシ島など)、ミンダナオ島で広く見られる。通常は座って行うが、ニューギニア島北部やミンダナオ島では立って行う(写真 6-3)。

一方、インドネシアの南スラウェシ州バル県、スマトラ島、カリマンタン(ボルネオ)島、マレーシアのサラワク州では、おろし金あるいはヤスリの原理で髄を粉砕する(写真 6-4)[18]。また、おろし金型では粉砕

写真 6-3　削り斧による立ってのサゴヤシ髄の粉砕作業(ミンダナオ島)

写真 6-4　おろし金型によるサゴヤシ髄の粉砕作業(スマトラ島)〈高知大学:山本由徳氏提供〉

第6章　サゴヤシ利用の変遷と多様性の管理

写真6-5　ラスパーによるサゴヤシ髄の粉砕作業（南東スラウェシ州）

時に幹を固定するか幹片を動かすかの違いもある。さらに、おろし金をドラム状にして回転させて粉砕する道具もある。最近ではこれにモーターを付けた粉砕機（ラスパー）が各地に出現し、作業のスピード化と簡便化を図っている（写真6-5）。

3）澱粉の抽出（髄屑の水洗い）

サゴヤシ澱粉を抽出するためには、粉砕された髄屑（小片）を水洗いして、澱粉を漉さなければならない。澱粉を含んだ水は水槽に貯められ、沈殿した澱粉を集める。水槽にはサゴヤシの髄を切り取った幹の船型容器などが用いられる。この澱粉抽出方法にも地域性があり、手もみ型と足踏み型に分けられる。

ニューギニア島では手を使う。筒型ないし長方形の樋を腰の高さに設置し、緩いスロープをつけて、低いほうの樋の端にネットを張る。この手前に足踏み型と同じように繊維状樹皮を置くこともある。ネットを張った下に水受け（桶）を置き、澱粉を含んだ水を貯める。そして、ネットの前に髄屑を置き、水をかけながら手で押し洗いして、澱粉を抽出する（写真6-6）。シリンダー状の幹の縦割りの半分を搾り台とし、端にネットを張り、手で洗う、より簡単な方法もある。

ミンダナオ島でも手で搾るように抽出する。その際、ネットをつるし、その中の髄屑を手で搾って澱粉を抽出する方法と、網または布を敷いた上で水をかけて手で搾る方法がある（写真6-7）。これは、手を使うニューギニア島と上

写真6-6　手もみ型：髄屑を手でもみ、横から水をかけて水洗いする（ニューギニア島）

から水をかけるスラウェシ島の方法が混在した形態と考えられる[19]。

一方、スラウェシ島やスマトラ島、カリマンタン島では、澱粉を含んだ髄屑を人が入れるような大きなザルやネットを敷いた容器に入れ、上からバケツやポンプで水をかけながら足で踏んで澱粉を抽出する（写真6-8、6-9）。浅い四角の箱の底にネットを張り、髄屑を入れて足で踏みながら水洗いする場合もある。漉し器には若いココヤシの繊維状樹皮（シュロの茎皮繊維のようなもの）を使用していたが、最近ではナイロンネットが多く使われている。ミンダナオ島を除く東南アジアでは、足で水洗いする方法が一般的である。

写真6-7　手もみ型：髄屑を手でもみ、上から水をかけて水洗いする（ミンダナオ島）

写真6-8　足踏み型：髄屑を足で踏み、バケツで水洗いする（南東スラウェシ州）

写真6-9　足踏み型：髄屑を足で踏み、ポンプ水で水洗する（南東スラウェシ州）

4）澱粉の容器詰め

髄屑から分離されたサゴヤシ澱粉は、水槽の底に沈殿する。その澱粉を取り出し、水を切って、半乾燥状態で容器に詰める。容器の素材にはサゴヤシの幹の表皮や小さい葉など現地で入手できる材料を使う場合が多く、形や詰める容量も地域によって異なる。最近はプラスチックも使われるようになった。また、再度晒した後に乾燥させて粉状にする場合もある。

5　サゴヤシ澱粉抽出方法と品種の変遷

このように、サゴヤシ澱粉にはさまざまな抽出方法がある。それとサゴヤシ品種の伝播との関係を考えてみよう。

まず、手もみ型と足踏み型の分布を調べてみると、生物相の違いを示すウェバー線とウォレス線で東西に分けられた（図6-2）。なお、ウェバー線とウォレス線の間にあるスラウェシ島は、手もみ型と足踏み型が混在する地域と考えられる。

また、サゴ髄の粉砕や髄屑の生成は、原産地のニューギニア島で削り斧によって行われているから、これがオリジナルな技術と考えられる。これがおろし金型やドラム粉砕型（ラスパー）へと発展し、破砕作業の効率化が図られた

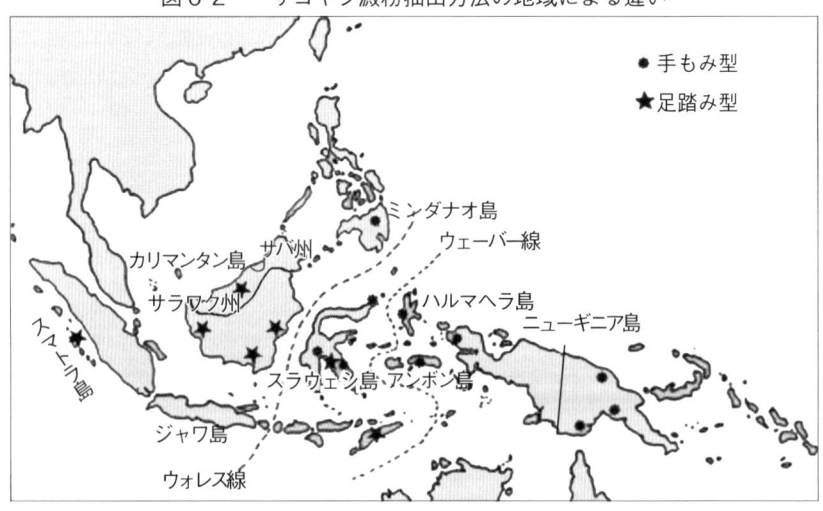

図6-2　サゴヤシ澱粉抽出方法の地域による違い

と考えられる。これらは、おもにスラウェシ島以西で発達したと推測される。ニューギニア島の手法は、ウェバー線とウォレス線を越えることによって合理化が図られたと考えられる。

江原宏[20]はサゴヤシ品種の遺伝子的分析から、その伝播経路を考察している（図6-3）。それによると、原産地ニューギニアの品種群（B1、B2）が分化して、マレー半島、カリマンタン島、スマトラ島などに伝播したA1品種と、スラウェシ島、フィリピンに伝播したA2品種があるという。

そこで本章では、サゴヤシから澱粉を抽出する方法について各地の農民が行っている手法を類型化して、その発達

図6-3　サゴヤシ品種の伝播経路

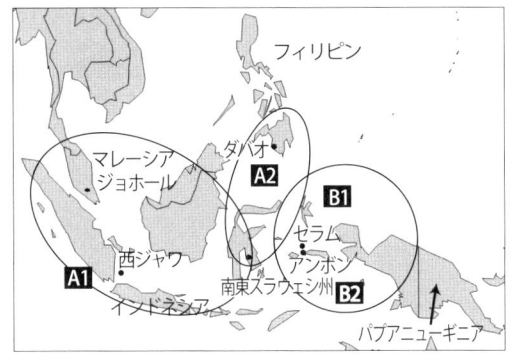

出所：江原宏（2010）。

図6-4　サゴ澱粉抽出技術の形態区分

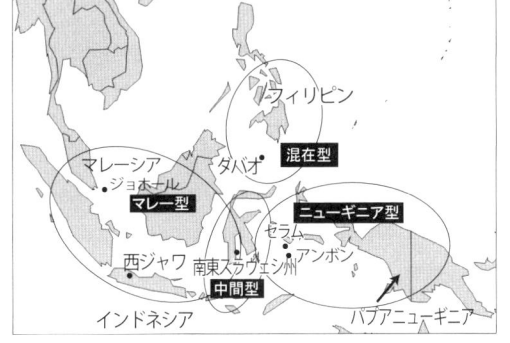

出所：西村美彦（2008）。

経路を調べた（図6-4）。その結果、品種の伝播経路と澱粉抽出方法の発達経路が類似することがわかった。

サゴヤシの澱粉抽出方法は地域によってはっきり異なり、ニューギニア型とマレー型が基本形と考えられる。両地域の中間に位置するスラウェシ島においては2つの方法が混在しており、発展過程の中間型とみなせる。ミンダナオ島でも同様に2つの方法が混在している。ただし、澱粉抽出に手を使い、上から水をかける縦型である点がニューギニア型やマレー型とも異なることから、混在型とした。この結果から澱粉抽出技術を類型化したものが表6-3である。

ニューギニア型ではサゴ澱粉が主食であり、自家消費用の小規模な抽出作業

表6-3 サゴヤシ澱粉抽出方法の形態の類型化

地域区分(型)	髄の粉砕		抽出装置		髄屑の水洗い方法	
	削り斧	おろし金	桶型	箱型	手もみ	足踏み
ニューギニア型	○	―	○	―	○	―
マレー型	―	○	―	○	―	○
中間型(スラウェシ島)	○	○	○	○	○	○
混在型(ミンダナオ島)	○	―	―	○	○	―

備考:○おもな方法、―確認がない。

となる。一方、マレー型はより商業的で、能率性を求めた作業形態である。

　民族的な観点から、マレー型においては商業に長けたブギス人の存在が重要であろう。ブギス人は南スラウェシ州北部の出身で、マレーシアからニューギニアの広い範囲に移動して開拓や貿易に従事してきた海洋民族である。その影響をうけて、南東スラウェシ州周辺には商業型手法が入ってきたと考えられる。

　フィリピンの場合は、救荒作物ないしは菓子用としての位置づけが強い。そのため、小規模・少量抽出であり、能率をあまり考慮しないことから、抽出装置が箱型であるがニューギニア型に近い手もみの形態を示したと思われる。

　以上をまとめると、ニューギニアの技術が西へ伝わることによって、より商業化した方法、技術に発達したと考えられる。そして、ニューギニア型は小規模・自給型であるのに対して、マレー型は販売を目的とした商業型として発展したものである[21]。

　伝統的サゴ澱粉抽出方法は現地における主食としての重要性、作業規模の大きさ、商業(換金)目的の要素によって、技術・装置の組み合わせがそれぞれの地域の抽出の形態として生まれたものと考えられる。

　インドネシアにおいてサゴヤシは有用資源として重視されてきたが、近年はその価値が減少し、サゴヤシ農業の継承者も少ない。そこで、本章ではサゴヤシの多様な利用方法を検討して、新たなサゴヤシ農業の可能性について経済的側面を中心に考察した。その結果、澱粉とシートの生産、残渣の活用における利益と、サゴヤシ伐採跡地を利用した観光を含めた多目的農園の可能性が確認できたといえるだろう。

　サゴヤシを多面的に利用した新しいタイプの農業の導入によって、東南アジアと大洋州諸島の農村資源の有効な管理と多様性の維持が可能になると考えら

れる。市場経済のもとにおいても、生物資源の付加価値化をとおして商品化を高めることで、農村に経済的インパクトが与えられる。そして、人びとが利用価値を認めることによって保全が促され、持続性が維持されると考える。

＊本章の一部は、西村美彦「デンプンの抽出方法と製造—伝統的な抽出方法—」（サゴヤシ学会編(2010)『サゴヤシ—21世紀の資源植物—』京都大学学術出版会）に基づいている。

(1)「名も知らぬ遠き島より」で始まる島崎藤村作詩の『椰子の実』は、子どものころのヤシのイメージを形成している。
(2) 阿部登(1989)『ヤシの生活誌』古今書院。
(3) 中尾佐助(1966)『栽培植物の農耕と起源』岩波書店、45～47ページ。鶴見良行・宮内泰介編著(1996)『ヤシの実のアジア学』コモンズ。
(4) サゴヤシ学会編(2010)『サゴヤシ—21世紀の資源植物—』京都大学学術出版会。山本由徳(1998)『サゴヤシ』国際農林業協力協会。
(5) 西村美彦(1995)「インドネシア、南東スラウェシ州の農村と農業 第2報作物栽培の現状とサゴヤシの利用」*SAGO PALM* Vol. 3, No. 2, pp. 62-71.
(6) 西村美彦(2001)「半乾燥地と湿潤熱帯における作付体系の比較から—インドとインドネシアを事例して—」『熱帯農業』第45巻5号、331～335ページ。
(7) Nishimura Yoshihiko(2009), Learning sustainability of agricultural and rural development from a project in Indonesia: from the point of view of impact assessment, JIRCAS International Symposium 2009(proceedings), pp.112-125.
(8) Yamamoto Yoshinori et al.(2010), Growth Characteristics and starch productivities of three varieties of Sago Palm(Metroxylon sagu Rottb.) in Southeast Sulawesi, Indonesia, *Trop. Agr. Develop*. Vol. 54, No.1, pp. 1-8.
(9) インドネシアルピア(ルピー)の交換レートは、2010年現在100ルピア＝1円である。
(10) ウエットサゴを入れた包みでヤシの葉を編んだり、幹の皮を使ったりして容器を作る。ただし、最近はプラスチック製の袋が多い。ここでは1袋約16kgである。
(11) 一筆の圃場内の高低差を利用して作付けを変えるインドネシアの栽培方式。たとえば低地部に水稲、高地部に畑作物を植える。
(12) インドネシア語の魚と水稲を意味し、両者の複合農業を指す。
(13) 前掲(6)、参照。
(14) 前掲(5)、参照。

(15) Nishimura Yoshihiko & Laufa M. Terence(2002), A comparative study on technology adaption for sago starch extraction in Pacific and Asia local regions, *SAGO PALM* Vol. 10, No.1, pp. 7-15.
(16) 江原宏(2010)「サゴヤシの起源地、伝播と分布」サゴヤシ学会編『サゴヤシ―21世紀の資源植物―』京都大学学術出版会、18〜23ページ。
(17) 前掲(15)、参照。
(18) Yamamoto Yoshinori et al. 2007, Efficiency of Starch extraction from the pith of sago palm: A case study of the traditional method in Tebing Tinggi Island, Riau, Indonesia, *SAGO PALM* Vol. 15, No.1, 2, pp. 9-15.
(19) 西村美彦(2008)「フィリピン、ミンダナオ島におけるサゴヤシの現状」*SAGO PALM* Vol. 16, No1, pp. 34-39.
(20) 江原宏(2006)「資源植物の多様性」森田茂紀・大門弘幸・阿部淳編著『栽培学―環境と持続的農業―』朝倉書店、25〜28ページ。
(21) 西村美彦(2008)「サゴヤシの澱粉抽出方法の地域的相違の研究」『熱帯農業研究』Vol. 1, Extra issue 2, pp. 29-30.

第2部
農業生物多様性管理の国際的制度とローカルな活動をつなぐ仕組み

ブルキナファソの農家で保全されるパールミレット（撮影：田村典子）

第7章 生態系サービスの経済評価
―― 生物多様性条約と温暖化防止条約の比較の視点から

藤 川 清 史

1 なぜ生態系サービスの経済評価なのか

　生物多様性はわれわれ人間に多大な利益をもたらしているが、どのような利益をもたらしているかについて評価されることはあまりなかった。国連が中心となって2001～05年に実施された「ミレニアム生態系評価」は、地球規模での生物多様性の保全と持続可能な利用に関する科学的な総合評価としては、最初のものである。ミレニアム生態系評価の報告書は、生態系サービスを図7-1に示すように4つの機能に分類している。その機能と生物多様性との関係は、以下のようにまとめられる[1]。

①供給サービス（Provisioning Services）

　食料、薬品、燃料、木材、繊維、淡水など、人間生活に重要な資源を供給するサービスである。生物多様性が、こうした資源の利用可能性という意味で重要なのはいうまでもない。ある生物が絶滅すれば、その生物の資源としての利用可能性を失うことになる。

図7-1　生態系サービスの類型

供給サービス
・食料　・薬品　・燃料
・木材　・繊維　・淡水

調整サービス
・気候調節　・洪水制御
・水の浄化

文化的サービス
・精神的　・審美的
・レクリエーション的

基盤サービス
・光合成
・栄養塩の循環
・土壌形成
・水循環

出所：ミレニアム・エコシステム・アセスメント編（2007）[2]を基礎に改変。

②調整サービス（Regulating Services）

　森林がもつ、気候変化の緩和、洪水の防止、あるいは水の浄化などの環境制御機能がこの種のサービスである。また、生物多様性が豊かだと病気発生や気象変化などに対する生態系の適応力が高まるという、生態系がもつ自動安定装置も、この種のサービスである。これらを人

工的に実現しようとすると、膨大なコストがかかる。
　③文化的サービス(Cultural Services)
　精神的充足、美的な楽しみ、レクリエーションの機会を与えるなどのサービスである。文化的サービスに関連した生物の絶滅は、その地域の文化そのものを失ってしまうことにつながる。
　④基盤サービス(Supporting Services)
　上記①〜③のサービスの供給を支えるサービスである。光合成による酸素の生成、栄養塩の循環、土壌形成、水循環などが該当する。
　「ミレニアム生態系評価」の評価結果は、次の4点にまとめられる。
　①人間は大規模に生態系を改変した結果、生物の多様性に不可逆的な影響を与えている。
　②生態系の改変には利益と代償があり、代償としては将来世代に悪影響を与える可能性がある。
　③生態系サービスの劣化は、今世紀後半に顕著になる可能性が高い。
　④生態系サービス需要の増加と劣化の防止は、やり方によっては両立可能である。ここでわれわれ人間が確認すべきは、生態系の劣化(生物多様性の劣化)の原因が人間の経済活動や暮らしにあるということである。生態系の劣化の原因としては、次の3点があげられることが多い[3]。
　①生物生息域の減少
　大気や水質の汚染によって、かつては生息できた生物が生息環境を奪われること。また、森林を伐採した宅地の造成や、海岸や干潟を埋め立てた工場用地の造成によって、かつては生息できた生物が生息環境を奪われること。
　②過剰な資源利用
　食用目的の魚介類の乱獲や、象牙目当てのアフリカゾウや毛皮目当てのトラの乱獲の例のように、生物の再生量を上回る乱獲によって、かつては生息していた生物の個体数が減少すること。
　③外来種の移入
　意図的であれ非意図的であれ外来種が国内に持ち込まれ[4]、概してその生存力や繁殖力が強いため、在来種が駆逐されること。
　では、なぜ人間の経済活動によって生態系は劣化するのであろうか。それを理解するために、「公共財」と「共有財(コモンズ)」いう概念を紹介しておこう。

生態系サービスのうち、調整サービスなどは公共財である。公共財とは、多くの人びとが同時に消費できる財（非競合性がある財）であり、特定の人をそのサービスから排除できない財（非排除性がある財）をいう。公共財は、対価を支払わない者であっても利用できる。そのため、なりゆきに任せれば、ただ乗り（フリーライド）が可能ため、市場が形成されず、当該サービスには価格がつかない。それゆえ、人間には公共財を毀損することのコスト意識がなく、大気汚染や水質汚染といった環境破壊（公害問題）が起こり、外来種の不用意な国内への持ち込みも起こる。こうした現象を防ぐためには、公的機関が介入して、フリーライドを許さない制度や仕組みをつくる必要がある。

　一方、水産資源や森林資源などの天然資源は、共有財（コモンズ）である場合が多い。自身の所有物であれば、資源が枯渇しないように採取を自粛するが、こうした共有資源は少しでも自分の取り分を増やそうとして、過採取が起こってしまう。過採取が継続すると、やがて資源が枯渇する。これを「コモンズの悲劇」という。高速道路が無料になると大混雑して高速道路でなくなるのとも類似の現象である。こうした現象を防ぐためにも、公的機関が介入をして、過採取が起こらないような制度や仕組みをつくる必要がある。

　生態系の劣化は防がねばならないという点では、多くの人びとは同意する。しかし、経済活動をしている人間にとって、タダのものを節約するインセンティブはない。このインセンティブがつくり出されるためには、現在は無料か廉価な利用料金しか払っていない生態系のサービスにそれなりの価格をつけることが必要なのである。では、そもそも生態系には、人間にとってどの程度の価値があるのであろうか。これを推測して評価しないことには、生態系サービスに価格はつけられない。本章では、生態系サービスの価値を測る試みや価格メカニズムを用いて生態系サービスを保全する試みについて紹介する。

2　生物多様性保全と地球温暖化防止

　生物多様性劣化や地球温暖化は、グローバルな環境問題である。グローバルな環境問題は、従来型の環境問題（日本の高度成長期に顕在化したような都市型・産業型の公害問題）とはいくつかの面において性質が異なる。
　第一の相違点は、影響の及ぶ空間的・時間的な範囲である。従来型の公害問

題は、局地的・地域的であり、おもにその地域に居住する現在世代が被害を受けた。日本の代表的な公害であった水俣病も四日市喘息も、その地域に住む住民に直接被害を与えた。だが、生物多様性の低下や地球温暖化といったグローバルな環境問題は、その名のとおり影響が全地球的であり、われわれ人間全員が何らかの被害を受けることになる[5]。また、生物多様性の低下にせよ地球温暖化の進行にせよ、被害が顕在化するタイミングは、問題をつくっている現在世代が生きている期間ではなく、むしろ後世の何世代にもわたって被害を受け続けるという特徴がある。

　第二の相違点は、その原因と解決法である。従来型の公害問題では、原因物質を突き止めることからその解決が始まる。原因物質がつきとめられれば、それを除去する技術やそれを不使用ですます技術を開発することで解決される。水俣病も四日市喘息もそうした解決であった。しかし、生物多様性の劣化や地球温暖化の進行の原因は、人間の経済活動や暮らしそのものであるから、それを変えるのはきわめてむずかしい。

　一方、グローバルな環境問題のうち、地球温暖化問題は、その原因こそわかっているが、解決方法を見つけるのはむずかしかった。気候変動に関する政府間パネル（ICPP）の研究によると、地球温暖化は温室効果ガス（GHG）の排出増加という人為的な要因であることが確実だという。温室効果ガスのひとつである二酸化炭素（CO_2）は、化石エネルギーの消費で排出される。これはわれわれの暮らしそのものであるので、解決にはわれわれの暮らし方や社会構造を変えなければならない。

　ところが、1997年の京都議定書で温室効果ガスの排出枠を国際的に決め、その枠を取引できることにした。それによって、温室効果ガスの排出に価格がつき、市場ができた。興味深い点は、どの程度の温室効果ガスの削減がどの程度の地球温暖化防止になるのかわからない状況で、価格がついている点である。つまり、温室効果ガスの価格は地球温暖化の被害の大きさを反映したものではなく、逆に、現在世代の人間が、その価格をとおして、地球温暖化の被害の大きさを評価していることになっている。

　生物多様性の保全も全世界的な問題であるので、多国間の枠組みで解決する必要がある。それについては、2010年に名古屋議定書が交わされたように、すでに始まっている。しかし、さまざまにある生態系サービスについては、何

を市場での取引材料にするかが困難であるため、その価格づけの試みは始まったばかりである。

3　生態系サービスを経済評価する[6]

1）生態系や環境の価値の評価

「人間一人の価値は地球より重い」といわれることがある。しかし、それを認めれば、事故での人的被害の補償は進まなくなってしまう。何らかの方法で人間の価値を測らざるをえない。

経済学では、市場で取引される価格を、そのモノの相対的な価値指標として用いる。たとえば、大学教員の賃金が電力会社職員の賃金より低いとすれば、それは大学教育の価値が電力サービスの価値より相対的に低いことの反映であるとみるのである。労働市場のように市場が存在する場合は、そこでの価格づけが行われているので、話は簡単である。だが、社会にはサービスに対する市場が存在しないために価値づけがむずかしいケースもある。第2節で述べたように、生態系サービスがその例である。われわれが自然の恵みを幾多受けていることには議論の余地はないが、それがどれほどの価値があるのかを評価するのはむずかしいため、いくつかの工夫がなされている。

生態系や環境の価値を評価する試みの一例は、市場が供給する情報の利用である。それは、旅行や宅地などの市場の情報から間接的に環境の価値を推計しようとするものである。また別の例は、仮想的市場の想定である。たとえば、タンカーが石油漏れ事故を起こし、周辺の海洋環境を汚染したとしよう。その被害のうち漁業被害のように市場価値で測れる被害額は計算可能である一方、生態系全体への被害額は想像できない。そこで、汚染地域の生態系の価値に関するアンケート調査を実施し、仮想の市場を想定することで被害額を計算する手法が考えられている。アメリカでは実際にこうした手法で、事故を起こした企業に賠償が求められた。

ただし、地球温暖化現象は、地球環境の悪化ではあるものの、それ自体に価格をつけることはむずかしい。すでに述べたように、温室効果ガス排出という測定可能なモノに還元可能にした例が京都議定書である。温室効果ガスにペナルティー（炭素税）をつけて、排出を抑制しようとする試みは、先進国を中心に

行われている。生物多様性の毀損についても、間接的であれ何らかのペナルティーをつけることがその保全につながる。

2）利用価値と非利用価値

生態系の価値の内容は多様であるが、通常は「利用価値」と「非利用価値」とに分けて説明される。「非利用」というと利用していないように聞こえるので、前者を能動的利用価値、後者を受動的利用価値という場合もある。日本は国土の7割が森林に覆われている。その森林を例にとって、この二つの価値を図7-2に図解した。

直接的利用は、利用すれば資源が減少するタイプの利用であり、木材の生産が典型例である。これについては市場が存在するので、その評価は比較的容易である。しかし、森林はこれ以外にも間接的に利用される。たとえば、ハイキングやレクリエーションの場としての利用である。また、現在は用いられないが、将来用いられる可能性のあるものを保存しておく場としての価値もある。生態系や遺伝子の多様性を保全する機能はその例である。

このほか、利用はしなくても存在することによる価値もある。たとえば、現在世代の多くは屋久島の千年杉や白神山地のブナ林を将来世代に残したいと考えている。こうした価値を遺産価値という。さらに、森林は野生動物の宝庫であるが、その中には絶滅が危惧されている種もある。そうした種は、利用はしないけれど、保存すべきであると考えている人も多い。この場合、その動物は存在しているだけで価値を発生しているので、存在価値があるという。

これらの価値のうち、市場があって価格が決められるのは、直接利用の場合

図 7-2　森林の利用価値と非利用価値

利用価値			非利用価値	
直接利用価値	間接利用価値	オプション利用価値	遺産価値	存在価値
・木材生産 ・食料としての野生動物	・ハイキング ・洪水の防止 ・水源の保全	・将来の医薬品としての利用	・次世代に森林を残す	・野生動植物 ・原生自然

出所：栗山・馬奈木（2008）を基礎に一部改変。

のみである。そこで、森林の価値を正しく評価するとなると、間接利用価値や非利用価値を測る必要がある。この節では、生態系サービスの間接利用価値や非利用価値を測る方法を概説する。すでに述べたように、この方法は大きく二つに大別される。別の市場に反映されているだろう価値から類推する顕示選好法と、直接アンケート調査を行う表明選好法である。

3）顕示選好法

人びとが環境や生態系サービスに何らかの価値を認めるなら、それは行動に表れるはずである。顕示選好法とは、そうした行動の観察によって環境の価値を間接的に評価する方法で、代表的なものに、代替法、旅行費用法、ヘドニック法がある。

①代替法

環境と同じ機能をもつ市場財で置き換えた場合に必要となる費用で評価する方法である。たとえば、ある森林にダム10基分の保水機能があるとすると、その森林の保水機能の1年間の価値は、年間の「ダムの建設費用の減価償却分と維持管理費用」×10基になる。表7-1に、森林の多面的機能を推計した例を示す。

この方法は直感的に理解しやすい。しかし、代替される私的財がない場合には評価できないという問題がある。たとえば、絶滅が危惧される動植物の代替物はない。また、今日の地球温暖化や生物多様性減少などの地球環境問題にもうまく対応できないなどの理由から、今日ではあまり用いられない。

②旅行費用法

表7-1　森林の多面的機能の1年あたりの価値

機　　能	評価する代替材	評　価　額
CO_2吸収機能	火力発電所の二酸化炭素回収装置	1兆2391億円
表面侵食防止機能	砂防ダム	28兆2565億円
表層崩壊防止機能	土留工事	8兆4421億円
洪水緩和機能	治水ダム	6兆4686億円
水資源貯留機能	利水ダム	8兆7407億円
水質浄化機能	雨水利用施設及び水道施設	14兆6361億円

出所：日本学術会議（2001）[7]。

その名のとおり旅行費用を基礎にする方法なので、観光地などの旅行先の価値評価に適している。その観光地までどれだけの費用をかけて来たいと思うかを類推する。

図7-3は、ある観光地への旅行回数と旅行費用を表したものである。遠方よりの旅行費用が高くなり、近所からの旅行費用は安くなるのが一般的であるから、縦軸は旅行距離と読み替えてもよい。横軸は、ある地域の住民の当該観光地への旅行率と読み替えてもよい。旅行費用と旅行回数の関係は、図7-3のような右下がりの図になるだろう。この右下がりの曲線は、当該観光地の需要曲線、言い換えれば社会の限界便益を表している。もし、この観光地を維持するための費用は無視できる程度であるとすれば、需要曲線より下の面積(影の付いた部分)は社会の総便益を表していることになる。

図7-3 旅行費用と旅行回数

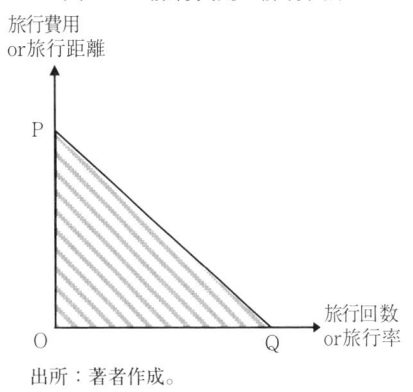

出所：著者作成。

旅行費用法は、旅行者の旅行費用と旅行回数(あるいはある地域の住民の旅行率)のデータから比較的容易に当該観光地の価値が推計できるという利点をもっている。ただし、他方では次のような問題点もある。第一に、動植物の価値や生態系サービスの価値など非利用価値は評価できない。第二に、旅行費用には交通費や宿泊費のような直接費に加えて機会費用も発生しているが、その推計がむずかしい[8]。

③ヘドニック法

(単位あたり)地価や労働者の賃金に関して、それぞれの属性で説明しようとする手法である。地価なら、最寄り駅からの距離、快速・急行などの停車駅かどうか、公園からの近さ、米軍基地や斎場など(巷間でいう)「迷惑施設」からの距離などの土地属性で説明する。賃金なら、事務職・営業職・現業職などの職業属性と学歴・勤続年数・性別などの個人属性で説明する。

他の条件を一定にして、地価と米軍基地からの距離との関係を図示すると、図7-4のようになったとしよう。米軍基地間近の土地の地価はP_0であり、基地からの距離がD_1からD_2に遠くなると(つまり土地の環境属性が改善すると)、

第7章 生態系サービスの経済評価 157

図7-4　ヘドニック価格曲線

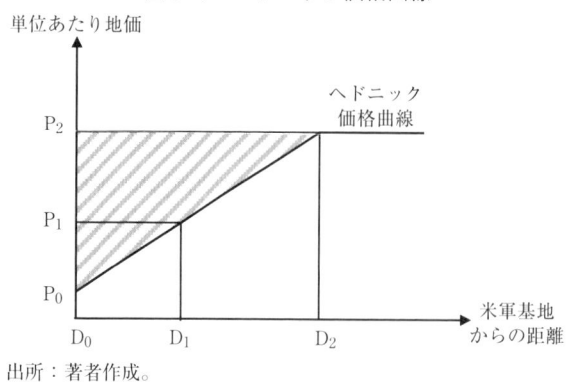

出所：著者作成。

地価が P_1 から P_2 へと高くなることを表している。この関係をヘドニック価格曲線という。価格 P_2 で曲線が折れ曲がっているが、これ以降は米軍基地の影響がほとんどなくなっていることを表している。したがって、価格 P_2 とヘドニック価格との価格差と対応する土地面積との積和が米軍基地の「迷惑」の経済評価になる。

　労働者の賃金についても、同様の分析が可能である。このケースでは縦軸に賃金をとって横軸に教育年数をとれば、図7-4と同様の右上がりのヘドニック賃金曲線が描ける。教育の経済的評価を推計するには、ヘドニック賃金曲線と教育年数ゼロの労働者との賃金差と対応する労働者数との積和を求めればよい。

　もちろん、ヘドニック法にも限界がある。生態系の評価の場合、生態系のサービスの間接利用価値がある程度土地の価格に反映されることは認められるとしても、その他の価値は反映されていない可能性が高い。つまり、生物多様性の価値のような、オプション価値や存在価値にかかわるものはうまく算出できない。

4）表明選好法
①非利用価値の推計

　環境の利用価値のうち「非利用価値」については市場がないので、本節で述べたような方法は適用できない。また、間接利用価値は旅行費用法やヘドニック法の適用が可能ではあるものの、前述したような限界がある、

　そこで、こうした価値の評価には、住民の聴き取り調査を用いた（言い換えればミクロデータを積み重ねた）方法が提案されている。その一つの手法として、

仮想評価法(CVM)がある。

②仮想評価法での評価方法

仮想評価法(CVM: Contingent Valuation Method)の「コンティンジェント」とは、「偶発的な」という意味である。「たまたま市場があったとして、いくらに評価されるか」という意味あいで用いられ、日本語では仮想評価法といわれている[9]。

仮想評価法を用いた環境財評価が、公的な場面でも用いられた例がある。1989年3月にエクソン社のタンカーであるバルディーズ号がアラスカ沖で座礁したことを記憶の読者は多いであろう。大量の原油が流出し、沿岸域を汚染したために、40万羽の海鳥や3000匹のラッコが死亡したと推定されている。そこで、アラスカ州政府とアメリカ連邦政府は、エクソン社に対して環境破壊への損害賠償を要求し、訴訟を起こした。ここで問題となるのは、妥当な賠償額である。

原告側(政府側)は、アメリカ国民を対象に「アラスカ油田近辺を航行するタンカーに護衛船をつけて座礁事故を防ぐという対策をとるとすれば、あなたはいくら支払うか」という調査を行った。この額をアラスカの自然の評価額の代理変数にしようというわけである。調査の結果、1家計あたりの支払意志額は約30ドルと推定された(中央値)。それに、全米の世帯数である9000万世帯をかけて、アラスカの自然の価値は総額約27億ドルと推定され、裁判での賠償額決定はこの額を基準に進められた[10]。

仮想評価法の調査では、上の例のように評価額を「自由回答方式」で求めるほかに、①値段を変えて提示し、それに対してYes・Noの回答を求める「値付けゲーム方式」、②評価額の数字を一度に提示し、その中から適当なモノを選ぶ「支払いカード方式」、③評価額を1つだけ示し、それに対してYes・Noの回答を求める「二肢選択方式」などがある。近年では、回答のバイアスが少ないとされる二肢選択方式が使われる場合が多い。調査用紙ごとに金額が異なるというのがミソである。

二肢選択方式での調査結果は図7-5に表される。横軸は調査用紙に書かれた提示額(支払意志額)、縦軸はその支払額に対してYesと回答した回答者の確率である。環境財への支払額が低い場合はYesと答える確率は高く、高い支払額ではYesと答える確率が低くなるので、結果は右下がりの曲線になる[11]。

図7-5 二肢選択方式による仮想評価法の結果

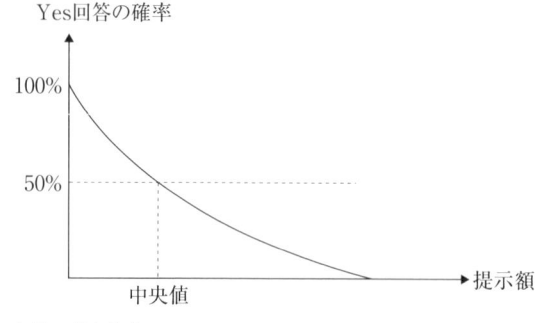

環境財の評価には価値はその「平均」で測られるが、平均概念には2つの方法が用いられる。1つは期待値であり、支払意志額とその確率の積和で表される。これは、減衰曲線の下側の面積を求めていることに等しい。もう一つは中央値である。これはYesとNoの回答が半々になるときの提示額である。

仮想評価法が公的機関の意思決定に影響を与えた例として、藤前干潟（愛知県、伊勢湾で最後の干潟といわれる）の環境価値評価がある。名古屋市には、藤前干潟を埋め立てて、ごみの最終処分場を建設する計画があった。しかし、日本有数の渡り鳥飛来地として藤前干潟の環境価値の高さは繰り返し指摘されており、1998年に鷲田豊明氏ら環境経済学者のグループが仮想評価法による調査を実施する。その結果、藤前干潟保全への国民の支払い意思額は1世帯あたり6555円であり、全国で集計すると2871億円に達することがわかった。

環境省はその調査結果を考慮し、同年に名古屋市に対してごみ処分場建設計画の撤回を求め、名古屋市は翌年計画の断念を発表した[12]。ちなみに、これを契機に、名古屋市はごみの減量に本格的に取り組み、ごみの分別が徹底されていく。

写真7-1 名古屋市の新川・庄内川の河口に広がる藤前干潟。2002年にラムサール条約に登録された

4 生態系への支払いの試み

1）遺伝資源へのアクセスと利益配分

　生物多様性条約の目的は、第一に生物多様性の保全であることはいうまでもない。加えて、第二に生物多様性の構成要素の持続的な利用、第三に遺伝資源へのアクセスと利益配分（ABS）が位置づけられている。生物多様性条約は環境関連の国際条約ではあるが、温暖化防止条約と同様に、たぶんに経済的な要素を含んでいるのである。

　前節では、生態系全体の経済評価について説明した。そのなかでも先行して行われているのが、生物多様性条約の第三の目的である遺伝資源へのアクセスと利益配分である。現在、生物多様性によって維持されている遺伝資源（あるいは生物資源）が、医薬品や化粧品などのバイオ産業の原料になっている[13]。

　遺伝資源へのアクセスと利益配分の嚆矢としてよく知られているのが、コスタリカの国立生物多様性研究所とアメリカの製薬会社メルク社[14]の間の契約である。そのおもな内容は以下の2点である。第一に、国立生物多様性研究所側が国内の遺伝子資源を1万サンプル収集してメルク社に提供するのと交換に、メルク社は研究所側に100万ドルを超える研究資金（および研究機材）の提供と技術協力を行う。第二に、国立生物多様性研究所は、医薬品が商業化された場合はその利益の一部を得る。

　想像にかたくないように、遺伝資源へのアクセスと利益配分については、遺伝資源提供国（途上国）側と利用国（先進国）側との間で、次の2点をめぐり対立が続いていた。

　①利益配分を植民地時代にまで遡及適用するか
　②派生物などへ利益配分を拡大するか

2010年の生物多様性条約名古屋会議でも、これらの決着はむずかしいと考えられていたのだが、松本龍環境大臣が最終日に、上記①を削除する見返りに②は条件付きで認めるという議長提案を提示し、それが承認されて、名古屋議定書となった[15]。その内容の骨子は次のとおりである。

　①遺伝資源と遺伝資源に関連した先住民の伝統的知識も利益配分の対象
　②利益の配分は互いに合意した条件に沿って実施
　③遺伝資源の入手には資源の提供国から事前の同意が必要

④多国間の利益配分の仕組みの創設を検討
⑤人の健康上の緊急事態に備えた病原体の入手に際しては特別の配慮
⑥各国は国内法を整備し、企業や研究機関の遺伝資源の不正利用を監視

今後の遺伝資源へのアクセスと利益配分に関する議論のなかで日本が貢献できることについて、いくつか指摘しておきたい。

まず、日本政府は名古屋議定書に実効性をもたせるために国内法や制度を整備しなければならない。たとえば、遺伝資源提供国の国内法を利用国が遵守することの規程、遺伝資源や関連する伝統的知識の法的出所証明の発行などが含まれる。また、途上国で国内法や制度の整備がむずかしい場合は、ODAを活用する方法もある。これは、将来的には日本の利益にもつながる。それに関連して、多国間の利益配分の仕組みについて、途上国に信頼される仕組みを提案するのも、議長国日本の責任ではないだろうか。

2) 生態系サービスと利用料

生態系は、われわれに恩恵を与えてくれる。たとえば森林には、大気からCO_2を吸収する気候調整サービス、洪水を防ぐ保水サービス、土壌の浸食を抑制するサービスなどがある。われわれはこうしたサービスを認識はしているものの、それに対する対価を支払う仕組みがなかった。つまり、森林のこうしたサービスにただ乗り(フリーライド)していたわけである。

そこで近年注目を浴びている概念に、生態系への支払い(Payment to Ecosystem Services：PES)がある。その例は多くはないが、近年導入が始まっている森林環境税はその一例である。表7-2には愛知近県での導入実績を示した。「愛・地球博」を開催した愛知県でさえも、森林のサービスに対価を最近まで導入していなかったのは興味深い。

表7-2 森林環境税の導入(愛知近県、2012年1月現在)

県	名　　称	導　入	年徴収額 (億円)	個人課税	法人課税
長野県	森林づくり県民税	2008年4月	6.8	500円	法人均等割額の5%
静岡県	森林づくり県民税	2006年4月	8.4	400円	法人均等割額の5%
愛知県	あいち森と緑づくり税	2009年4月	22.0	500円	法人均等割額の5%

注：このほか、岐阜県と三重県では検討中。
出所：各県のホームページ。

このほか、環境に配慮した製品にはその部分の付加価値をつけようとするフェアトレードや、「コウノトリ育むお米」のように環境保全をブランド化した価格づけも、一種の生態系への支払いと言える。

3）経済的手法の試行例

仮想評価法などの方法で、生物多様性の価値のおおよその「あたり」をつけることができる。その価値評価を下敷きにして、生物多様性の劣化を防止する経済的な手法がいくつか考えられている。以下では、それらを紹介する。

①カーボンオフセットと生物多様性オフセット

カーボンオフセットとは地球温暖化防止活動のひとつであり、化石燃料消費などでCO_2を発生させた場合、別のどこかでカーボン（炭素）を固定することで、CO_2の増加を抑えようとするものである。たとえば、航空機を運航すれば、その際の燃料消費でCO_2が排出される。そこで、植林によって同量のCO_2を吸収しようとする。

生物多様性オフセットとは、カーボンオフセットの応用手法である。リゾート開発などで、湿地・干潟・原生林などを開発すると、その地域での生物多様性が毀損されるので、それに見合うだけの生物多様性を別の地域で確保しようという考え方である。この考え方の嚆矢は、1980年代後半のアメリカ西サクラメント市（カリフォルニア州）郊外のサクラメント川流域の開発計画への対応である。

当時の当該地域は都市基盤整備が遅れており、リゾート型住宅地開発計画が持ち上がったが、市当局が環境アセスメントを実施したところ、希少な昆虫や野鳥の生息地であることが判明した。市当局は開発を誘致したいが、環境も保全したい。そこで、昆虫や野鳥の生息地を近隣に確保するなどの影響の最小化（ミティゲーション）を義務づける。開発企業は、サクラメント川沿いの50haのトマト畑を確保し、そこに人工の湖も造成して、生物多様性を保全する代替地を確保した。

この手法は、表7-3に示すように、アメリカのみならず、ドイツやオーストラリアなどの先進国に普及している。本来は、代替地は開発地域の近隣にあるべきだろうし、すでに開発された地域を自然に戻すべきであろう。しかし、

表7-3 生物多様性オフセットと生物多様性バンキングの例

国など	生物多様性オフセット	生物多様性バンキング
アメリカ	代償ミティゲーション Compensatory mitigation	ミティゲーション・バンク Mitigation banking
ドイツ	代償手段 Compensatory measure	代償プール Compensation pool
オーストラリア	オフセット Offset	生物多様性バンキング Biodiversity banking
BBOP（ビジネスと生物多様性オフセットプログラム）	生物多様性オフセット Biodiversity Offset	統合型生物多様性オフセット Aggregated biodiversity offset

注：BBOP ＝ The Business and Biodiversity Offsets Program. 民間企業による自発的な生物多様性オフセットの普及を目的としている国際機関。
出所：田中章（2009）[16]。

常に近隣に適当な地域があるとは限らないし、保全地域は点在するよりも、一定の広さでまとまっていたほうが生物多様性保全の効果が高い。

そこで、公的機関や民間組織がまとまった広さの地域を保全地域として確保し、その区画を代替地として提供しようという制度である「生物多様性バンキング」が普及し始めている。たしかに、開発地から離れた地域では同等の生物多様性保全が確保できるのかという問題がある。とはいえ、環境保全と開発に折り合いをつけた、割り切った考え方だと言えるであろう。現在は国内での制度であるが、国際間でも同様の制度をつくり、途上国での生物多様性を支援しようとする動きがある。

②クリーン開発メカニズム（CDM）とグリーン開発メカニズム（GDM）

CDM は Clean Development Mechanism の頭文字で、京都議定書で規定された市場メカニズムを活用する柔軟措置のひとつである。先進国が排出制限義務のない国（途上国）の国内で温暖化対策プロジェクトを実施するもので、その成果（追加的な排出削減）に応じて排出削減クレジット（Certified Emission Reductions：CER）が与えられる。排出削減クレジットは、投資国（先進国）分とホスト国（途上国）分に配分される。先進国は自国での排出削減分にカウントでき、途上国はそれを取引市場で販売することで資金を得る。

一方、GDM は Green Development Mechanism の頭文字で、先行して実施さ

れているCDMをもじったものである。オランダが主導する資金メカニズムで、2009年2月のアムステルダム会議で、生物多様性への持続的な資金源の創出および生物多様性の市場の創出などを企図して提案された。具体的な提案は次の4つである(17)。

　a 売買可能な保全義務

　参加者の環境負荷に枠(キャップ)を設け、その総量のなかで参加者間の自由な売買(トレード)を認めるという、キャップ＆トレード形式のメカニズム。全世界で保護地域面積の全体目標について国際的に合意し、これを一定の方式に基づき、すべての参加国に割り当てる。各国は有効な保全活動を実施するか、他国の「余剰保全義務」を取得することで、目標を達成する義務を負う。各国が一定の割当量を維持するという国際的合意を順守することで、生物多様性への需要が生まれる。

　b 国際支援による生物多様性オフセット

　上述の(国内)生物多様性オフセットは、先進国では普及してきている。国際支援による生物多様性オフセットは、この仕組みを途上国にも普及させ、国家間で連携させるものである。

　c 生物多様性フットプリント課税

　生物多様性フットプリント(Biodiversity Footprint)とは、エコロジカルフットプリントの考え方を生物多様性保全に応用したもので、森林伐採などの土地利用が絶滅危惧種に与える影響などの生物多様性への負荷を評価する指標である。この仕組みでは、参加国は、生物多様性フットプリントに応じた課税システムを導入し、支払われた税金は国際的な生物多様性保全に利用される。このシステムは、参加国が生物多様性保全と持続可能な資源利用に投資することを促す。

　d 商品輸入のグリーン化

　生物多様性フットプリントの高い商品(木材、ヤシ油、大豆、肉類など)の輸入者は、グリーン認証の取得によって商品をグリーン化する。グリーン認証は取引市場で購入できるし、途上国における認証活動を通じた取得も可能。先進国政府は、持続可能ではない生産方法による商品の輸入を制限する公約をする。

　③森林減少・劣化からの温室効果ガス排出削減(REDD)

森林減少・劣化からの温室効果ガス排出削減は、Reduced Emissions from Deforestation and forest Degradation の日本語訳であり、通常は頭文字をとって REDD といわれる。開発途上国における森林の破壊や劣化の回避によって CO_2 排出を削減しようとするプロジェクトである。

　森林による CO_2 の吸収は京都議定書でも認められている。だが、クリーン開発メカニズムとして認められたのは新規の植林のみであり、森林の劣化防止は適用外であった。現在、温暖化防止条約で、2013 年以降は REDD もクリーン開発メカニズムと同様のクレジットが得られる仕組みが議論されている。それが実現すれば、途上国で森林保全事業を実施した場合、仮に何も行わなかった場合に排出されたであろう温室効果ガスに相当する量の排出権が与えられ、その排出権を炭素市場で売買できることになる。

　REDD プロジェクトからのクレジットは、カーボンオフセットに利用することが当初の考え方であるが、現在ある森林の保全は森林のもつ生態系(あるいは生物多様性)の保全にもなるので、生態系サービスへの支払い(PES)の一部であるということもできる。したがって、REDD とグリーン開発メカニズムとの連携も議論されている。

　REDD プロジェクトの対象森林は開発途上国が念頭にあるが、誰がその利益を得るかが重要な問題である。地域住民によるプロジェクトが地域の貧困の改善につながるような制度設計が、途上国政府から求められている。その一方で、対象森林を利用してきた関係者への補償の支払いや代替地の手当ても必要になる。開発途上国では、ベースライン設定やモニタリング能力の不足や、ガバナンスの脆弱性が指摘される。REDD の適切な資金分配はきわめて重要な課題である。

5　定着しつつある生態系サービスへの支払い

　生態系サービスを評価して、その利用料を払うという考え方にはなじめないという読者もいるだろう。たとえば、1980 年代後半のバブル期の日本で、CO_2 の排出にお金がかかることなど想像できた人は少ないであろう。しかし、2011 年現在、夏の酷暑を年々実感するようになったこともあるが、CO_2 の排出削減(低炭素社会の実現)が日本の基本方針である。そして、CO_2 の排出には税金を

払ってもよいと考える人が増えている(18)。生態系サービスについても同様である。近年は、その使用料を払ってよいと考える人や、生態系を毀損した場合はその代償弁済（オフセット）を行うべきであると考える国が増えている(19)。

　妥当な使用料金や妥当なオフセットの規模についてはまだまだ議論の残るところではある。それでも、本章で紹介したように、それを推計する手法はいくつか考えられている。今後はこうした手法も改良されていくと期待される。

　また、地球温暖化防止に関して問題になったように、原因をつくった先進国内部で解決すればよいことで、途上国が成長速度を緩める必要はないという考え方もある。生物多様性の保全に関しても、森林の経済的利用をやめるとなると、その地域の住民の暮らしに重大な影響を与えることになり、主客転倒のそしりを免れない。グリーン開発メカニズムやREDDは生物多様性の保全に注意を払いながら地域住民の暮らしを持続可能にするという資金メカニズムであり、今後の国際社会のなかで信任されていくことを期待する。

(1) 詳しくは、環境省(2007)『平成19年版環境循環型社会白書』ぎょうせい、を参照されたい。
(2) ミレニアム・エコシステム・アセスメント編、横浜国立大学21世紀COE翻訳員会訳(2007)『国連ミレニアムエコシステム評価―生態系サービスと人類の将来―』オーム社。〈http://www.nri.co.jp/opinion/chitekishisan/2001/pdf/cs20011004.pdf〉
(3) たとえば、林希一郎(2010)『はじめて学ぶ生物多様性と暮らし・経済』中央法規、を参照されたい。
(4) ブラックバスやアメリカザリガニのように意図的に海外から持ち込まれたものもあるし、ムラサキイガイやセイタカアワダチソウのようにバラスト水や貨物に交じって海外から入ってきたものもある。
(5) 地球温暖化の影響に限れば、主責任のある北側先進国よりは、むしろ南の途上国の側で被害が顕在化する点が、問題の解決を複雑にしている。
(6) 生態系サービス（環境）の経済評価についての詳細は、以下を参照されたい。大野栄治編著(2000)『環境評価の実務』勁草書房、栗山浩一(2000)『図解環境評価と環境会計』日本評論社、栗山浩一・庄子康編著(2005)『環境と観光の経済評価』勁草書房、栗山浩一・馬奈木俊介(2008)『環境経済学をつかむ』有斐閣、坂上雅治・栗山浩一編著(2009)『エコシステムサービスの環境価値』晃洋書房、鷲田豊明(1999)『環境評価入門』勁草書房。
(7) 日本学術会議(2001)「地球環境・人間生活にかかわる農業及び森林の多面的

な機能の評価について」〈http://mizuseidokaikaku.com/report/report14_tenpu4.pdf〉
(8) 竹内憲司は「二色の浜」(大阪府で唯一の砂浜)のレクリエーション価値を旅行費用法で推計している。そこでは、機会費用の推計の方法によって結果が7000〜16万2000円(1人あたり年間)と大きく異なることが報告されている。竹内憲司(1999)『環境評価の政策利用―CVM とトラベルコスト法の有効性―』勁草書房、参照。
(9) 仮想評価法は環境財の評価に用いられることが多いが、川越慶太・福永奈緒の行政サービスの評価のように、それ以外の財サービスの評価にも応用可能である。川越慶太・福永奈緒(2001)「CVM(仮想市場法)による行政サービスの価値把握」『知的資産創造』(野村総合研究所)第9巻10号、参照。
(10) 生態系破壊の賠償金算定に仮想評価法が応用されたことは画期的であった。賠償金に関しては、「これを受けてエクソン社は交渉に臨み、浄化費用や漁業補償のほかに約10億ドルの補償額を支払って和解した。ただし、民間訴訟は継続中であり、一審では漁業補償に2億8700万ドル、住民・地方政府・地域企業の補償に350万ドル、懲罰的損害賠償として50億ドルを課したが、エクソン社は控訴、審理を続けた」(佐和隆光(2010)、90ページ)とのことである。また、この裁判を契機に仮想評価法の信頼性に関する論争があった。それを受けて、アメリカの国家海洋大気管理局は1996年に仮想評価法実施のガイドラインを公表し、環境破壊の損害評価のためのルールが設定された。佐和隆光(2010)『グリーン産業革命―社会経済システムの改編と技術戦略―』日経BP社、参照。
(11) 調査のナマの結果は凸凹が出るので、統計的手法を使って滑らかな曲線をあてはめる。推定された曲線を減衰曲線という。
(12) 詳細は前掲(6)栗山(2000)、69ページ、参照。
(13) テレビドラマ『JIN―仁―』でも有名になったように、抗生物質ペニシリンの原料は青カビという生物資源である。
(14) アメリカのニュージャージー州に本社をおく世界的な医薬品企業。北米以外の地域では MSD(Merck Sharp & Dohme)と呼ばれている。
(15) 名古屋議定書の邦訳は、バイオインダストリー協会(JBA)生物資源総合研究所(2010)「名古屋議定書(JBA 日本語訳)」(http://www.mabs.jp/archives/pdf/nagoya_protocol_je_3.pdf)を、その内容の解説については西村智朗(2010)「遺伝資源へのアクセスおよび利益配分に関する名古屋議定書―その内容と課題―」『立命館法学』第5・6号、1105〜1133ページ(http://www.ritsumei.ac.jp/acd/cg/law/lex/10-56/nishimura.pdf)を参照されたい。
(16) 田中章(2009)「"生物多様性オフセット"制度の諸外国における現状と地球生態系銀行"アースバンク"の提言」『環境アセスメント学会誌』第7巻2号。

(17) 詳しくは、国際協力銀行(2009)「Green Development Mechanism(GDM)に係る調査報告書」〈http://www.jbic.go.jp/ja/report/reference/2009-035/jbic_RRJ_2009 035.pdf〉を参照されたい。
(18) 内閣府はさまざまな問題について国民の意識調査を行っている。「地球温暖化対策に関する世論調査」は、2005年と2007年の2回行われた。環境税についての質問では、2007年調査では、「賛成」と答えた者の割合が40.1%、「どちらともいえない」と答えた者の割合が24.4%、「反対」と答えた者の割合が32.0%であった。2005年調査と比較してみると、「賛成」の割合が上昇し(24.8%→40.1%)、「どちらともいえない」の割合が低下している(35.5%→24.4%)。「反対」の割合は横ばいであった(32.4%→32.0%)。〈http://www.8.cao.go.jp/survey/h19/h19-globalwarming/2-3.html〉
(19) 生態系へのサービスの支払いに関する日本国内での意識調査は行われていないが、名古屋議定書は、生態系サービスの利用には一定の支払いが必要であるという国際的な認識の高まり、なかでも議長国日本での認識の高まりを反映している。

第8章 エチオピアにみる作物種子の多様性を維持する仕組み
—— ローカルとグローバルをつなぐNGOのコミュニティ・シードバンクを事例に[1]

福 田 聖 子

1 農業生物多様性管理とコミュニティ・シードバンク

　世界の飢餓人口は増加し続けている。なかでも、サブサハラ・アフリカの栄養不足人口割合は依然としてもっとも高い。2015年までに飢餓を半減するという国際社会によって掲げられた開発目標(ミレニアム開発目標：MDGs)を達成するためには、アフリカ農村部における持続的な開発と農業開発(生産と販売の推進)が必須である。同時に、ケニアの花卉産業が環境負荷を増大させ、国内飢餓を根絶できない[2]と指摘されているように、農業生産性の向上と環境保全が両立する持続的な農業開発が求められている[3]。

　また、アフリカ農業の悲観論や近代農業革命の恩恵獲得のみが処方箋である[4]というマクロ分析の視点から抜け出し、アフリカの大地が育ててきた在来農業システムがもつ集約性と潜在力を再確認し、そこから学ぶこと[5]は、持続的なアフリカの農業・農村開発を考えるうえで非常に重要である。アフリカで行われてきた農業開発援助の大半では、在来農業の潜在力は過小評価されてきた。近代的農業の直接的な導入は再考されるべきである[6]。

　一方で、国連は2010年を国際生物多様性年と定め、10月には名古屋で第10回生物多様性条約締結国会議(COP10)が開催された。現在、生物多様性条約のもとで、生物遺伝資源に関して新たな国際的枠組みをめぐる議論が大きな関心を集めている。

　そして、世界の食料安全保障を考えると、生物多様性保全のなかでも、農業生産に関わる農業生物多様性としての作物遺伝資源の管理は、最大限の対策を講じる必要がある。アフリカにおいても農業生物多様性が注目されており、2010年7月には「アフリカのための農業生物多様性(Agricultural Biodiversity Initiative for Africa)」が設立された[7]。

　しかし、農業生物多様性は開発途上国における持続可能な発展を支える重要

な資源であるにもかかわらず、それらを管理するための組織や制度について十分な研究が行われていない[8]。農業生物多様性をアフリカの地域開発の資源として、持続的に利用できる組織の確立に必要な基礎的知見を提供することは、農業・農村開発の画期的な開発戦略につながり、かつ生物多様性の保全にも資すると考えられる。

そこで本章では、農業生物多様性のなかでもとくに作物遺伝資源に着目し、持続可能な開発の枠組みのなかでの作物種子の管理、ジーンバンクから農家による種子生産に関わる農民組織、国際 NGO・現地 NGO、研究機関を含む行政や民間企業など多様な組織の果たす役割を明らかにすることを目的とする。具体的な事例として、国際 NGO の USC（Unitarian Service Committee）カナダ[9]が支援するコミュニティ・シードバンクに着目する。

現地におけるミクロレベルの事例では、作物の起源地のひとつであり、1990年代に参加型の農業生物多様性管理事業として、作物の種子生産および遺伝資源の管理が多く実施されているエチオピアを調査地とした。USC カナダのパートナーである現地 NGO の「エチオピア有機種子行動」(Ethio-Organic Seed Action：EOSA)[10] は、農家が求める収量の高い改良品種のなかで、自家採種が可能な品種のみを研究所から導入している。

調査対象地は、エチオピアの主要穀物（テフ、コムギ、メイズなど）の生産地であり、種子生産および遺伝資源の管理が数多く実施されてきたオロミア州東ショワ地区である（首都アディス・アベバの南約105km）。

現地調査は、農民組織を含む種子生産に関わる組織を対象とし、2010年3、6、8月に計8週間実施した。訪れたのは、主要国際援助機関、国立研究機関、各行政機関（中央省、農政局、県・地方普及所）、民間企業、エチオピア有機種子行動によるコミュニティ・シードバンク（ギンビッチュ県チェフェ・ドンサ（Chefe Donsa）村、ルメ県エジェレ（Ejere）村）である。また、種子生産に関わる多様な組織と農民組織のメンバーを含む各6農家（計12農家）に半構造型の質問票を用いて、通訳を介して聴き取り調査を実施した。

さらに、2010年8月12日にアディス・アベバにおいて農業研究機構（Ethiopia Institute of Agriculture Research：EIAR）が主催した「農民のための種子セミナー（Seminar on Seed for Farmers）」に参加。政府関係者や研究者、種子公社によるフォーマル種子生産に関する情報も収集した。

こうした現地調査に基づき本章では、地域における作物遺伝資源管理が比較的長期にわたって観察されるコミュニティ・シードバンクを事例として、農家が主体的に農業生物多様性の管理に関わるために必要な組織の役割を明らかにすることを目的とする。また、多様な種子を届ける仕組みとして、在来コムギ品種の保全と持続的な利用を促進しているエチオピア有機種子行動のコミュニティ・シードバンクを中心に、エチオピアの種子生産について報告する。

2 農業生物多様性管理と種子生産をめぐる状況

エチオピアの自然は5km単位で変化するといわれる。したがって、多様な気候と土壌に適応する農業が必要で、作物の多様性が大切となる。さらに近年は、気候変動の影響が農業生産性に大きく影響しており、安定生産を目的とした農業生物多様性管理の重要性が再認識されている。

また、エチオピアでは毎年約1400万人が食糧援助を必要としており、食糧安全保障を確保するために種子の安全保障が欠かせない。1974年の大飢饉以降、種子の援助に巨額な資金が投入されてきた。しかし、種子産業は政府系種子公社による独占状態にある。改良品種の種子供給のみでは農家の需要に対応できず、在来品種の種子生産への支援が必要とされている。

現在、フォーマル種子セクター(種子公社など)による種子供給量は圧倒的に不足しており、80％以上の農家が認証種子(エチオピア政府による認証を得た種子)を手に入れられず、インフォーマル種子セクター(自家採種、農民間の種子交換など)に依存しているといわれる。ところが、民間企業に頼らざるをえない状況にもかかわらず、民間企業を支援するシステムは事実上存在しない。

深刻な食糧不足を克服するため、改良種子の需要を満たす開発は続けられている。各研究機関においても、改良品種の育種が行われ、研究所近郊では改良品種の普及と農家による優良種子生産が進められている。だが、高収量・高収入に結びつく改良品種を求める農家が多いなか、改良品種の導入による在来品種の消滅も危ぶまれている。農家が望む収量増加(改良品種の導入)と伝統品種の保存・管理の両立は、容易ではない。国内研究者の多くは、新品種の導入による収量増加のみに集中し、種子や食糧の安全保障、まして作物遺伝資源の多様性について考慮した改良品種導入は、必ずしも行われていない。

このような背景のもとで、優良種子の確保による種子や食糧の安全保障と農業生物多様性の管理の両立をめざしたミクロレベルの事例として、USC カナダ支援によるエチオピア有機種子行動のコミュニティ・シードバンクが注目されているのである。

3　国際 NGO のグローバルな視野とミクロレベルの作物遺伝資源の管理

「国際研究機関や企業による育種事業では、その材料である遺伝資源を供給した開発途上国地域およびそこに住む農家には利益が十分に配分されていない」

これは、作物遺伝資源に農民の所有権を主張した初期の思想家であるパット・ムーニー(Pat R. Mooney)氏が 1979 年に出版した "Seed of the Earth: A private or Public Resource?"[11] で指摘したことである。

その後、1992 年に成立した生物多様性条約では、種内変異である作物遺伝資源も生物多様性の重要な構成部分とされた。同時に 1990 年代には、国際連合を中心として、国際開発協力のなかで参加型開発が主流化し、農業・農村開発においても農民の主体的参加の重要性が認識されるようになる。

とくに、アフリカ諸国における農民参加型の作物遺伝資源管理については、カナダ・オランダ・ドイツなどが主導的な役割を果たしており、政府機関が直接または NGO をとおして多くの開発協力を実施してきた。しかし、近年アフリカの農業・農村開発の重要性は再認識されているものの、生産性向上、小農の国際市場への参入、付加価値生産にシフトしている。農民が主体となった作物遺伝資源の管理や在来品種の見直しや利用を行う協力事業は、全体に縮小していると考えられる[12]。

1）マクロとミクロをつなぐ市民グループ

国際的なマクロな視点とミクロレベルの農村現場をつなぐカナダの市民グループに、パット・ムーニー氏による政策提言型の「侵食、技術および集約に関する活動グループ(Action Group on Erosion Technology and Concentration：ETC)」[13]がある。このグループは、農民の権利を政策に導くことを目的とし、カナダ内外の政府、国際機関、NGO との連携を構築している。その理念・理想は「文化・

生態系の多様性と人権の保全と持続的な前進」である。「侵食(Erosion)」の意味を「遺伝資源や種・生態系だけではなく、文化・知識・人権」も含んで解釈し、現状を「生物の多様性もそれに対する生態系特異的な理解も失いつつある」と認識する。

　現在は、グローバルまたはリージョナル(隣接する複数の国々、またはアフリカ地域のようにある程度自然・文化や政治的歴史を共有する地域)で活動し、草の根・コミュニティ・国家レベルの仕事は行わないという。海外で種子関係のプロジェクトを実施し、種子の安全保障に協力する国際NGOとして、USCカナダと連携している。

2）グローバルな視野でミクロレベルの活動を支援する国際NGO

　USCカナダは、カナダ政府の支援を受けて1945年に設立された国際NGOで、アフリカ、アジア、ラテンアメリカの10カ国で活動している。そのアプローチ方法は「生存のための種子(Seed of Survival：SoS)プログラム」である。失われた作物の多様性を農家の世代間の協力によって慎重に選抜し、育成された在来種を最適の地域に再導入するために、国立ジーンバンクの研究者チームと農家で在来種を再保存することを目的とする。そして、マクロレベルの法律からミクロのコミュニティレベルまで、種子保全の阻害要因を取り除くための実践を行う。

3）ミクロレベルで実践的な活動を行う現地組織

　エチオピアでは1970年代から農業生物多様性管理事業として、国立ジーンバンクの設置、作物の種子生産、遺伝資源の管理が数多く実施されてきた。1994年に設立されたエチオピア有機種子行動(EOSA)は、農民組織との協働による農業生物多様性管理事業として、優良種子の確保による種子や食糧の安全保障と農業生物多様性の管理の両立をめざしている。

　今回の調査対象としたチェフェ・ドンサ村とエジェレ村は、国際的に認められた作物遺伝資源のホットスポットであり、長年にわたって農家によって種の多様性が維持されてきた。しかし、繰り返される旱魃のために農民は自家貯蔵種子を失い、食料増産を目的とした農業開発による改良コムギ品種導入の結果、在来コムギ品種は絶滅に瀕してしまう。そこで、1980年代に農家から収

集され、農家によって種の多様性が維持されていた在来種のマカロニコムギを90年代に国立ジーンバンクから農家へ再導入する「総合的な農業生物多様性管理と種子安全保障プロジェクト」が、エチオピア有機種子行動によって実施された[14]。

また、エチオピア有機種子行動は農家が古来より栽培し、保全・利用してきた在来品種を、地域資源として活用している。並行して、農家が求める収量の高い改良品種のなかで自家採種が可能な品種のみを研究機関から導入している点も、大きな特徴である。

①コミュニティ・シードバンク

農家に種子を毎年無料で提供し、利子分の20％を加えて回収し、配布する種子を保存・管理する。ただし、入会するためには、入会料として現金と種子を支払う必要がある。種子は麻袋に詰められ、コンクリート床と屋根付きの倉庫に保存される（写真8-1）。

②コミュニティ・ジーンバンク

シードバンクの奥手に棚が設置され、褐色の瓶にラベル（作物名、品種名、採取地など）を付けて陳列・保存されている。国立のジーンバンクから持ち込まれている種子と、農家から収集された種子がある。地域によって保存されている作物・品種は異なり（7kmしか離れていないチェフェ・ドンサ村とエジェレ村でも異なる）、地域の特性（気候・土壌）に合ったもの、その地域で採取されたものを中心に、常温で保存されている。

③エチオピア国立ジーンバンク

ドイツの援助によって設置された。各地域で収集した1万1000種類の作物を試験場の冷蔵庫で保管するとともに、農家の圃場（on farm condition）でも管理している。試験場と農家の圃場で発現す

写真8-1　手前がコミュニティ・シードバンク。奥にジーンバンクが併設されている

る形質が異なり、遺伝子も変化するため、農家の栽培圃場における実際の状況下での試験が重要になる。遺伝子の共進化(co evolution)によって、より適した遺伝子が選抜され、莫大な生物多様性が生み出されていく。

4 コミュニティ・シードバンクの歴史と概要

1) 遺伝資源が多様な13地域に設立

エチオピアでは、国立ジーンバンクによる在来品種の収集が1970～80年代に行われた。1980年後半に入ると、研究機関などが協力し、農民レベルでコミュニティ・シードバンクの活動が始まる。1994年には、地球環境ファシリティ(Global Environment Facility：GEF)・プロジェクトによって国内13カ所にコミュニティ・シードバンクが設立された。選ばれたのは、遺伝資源の多様性が歴史的に貴重な地域で、チェフェ・ドンサ村とエジェレ村はとくにコムギで

表8-1 コミュニティ・シードバンクに関する年表

1970～80年代	国立ジーンバンクが農家から種子を採取・収集 旱魃と大飢饉の多発
1976年	ドイツ技術協力公社(The Deutsche Gesellschaft für Technische Zusammenarbeit：GTZ)による遺伝資源プロジェクトの実施 "Institute of Biodiversity Conservation and Research Institute" 国際ジーンバンクをGTZが設置、後に生物多様性研究所へ発展
1985年	チェフェ・ドンサ村とエジェレ村で多くの農家から種子が採集され、国立ジーンバンクで登録・保存される
1980年代後半	農民以外の研究機関が協力し、農民レベルでコミュニティ・シードバンク開始
1988年	国立ジーンバンクが採取した種子を同じ農家に戻すなどの取り組みを開始
1989年	USCカナダによる「生存のための種子(SoS)」プログラム開始
1994年	地球環境ファシリティ・プロジェクト(予算250万ドル) 国内13カ所にコミュニティ・シードバンクを設置
2002年	プロジェクト撤退、国内7カ所をエチオピア有機種子行動が引き継ぐ
2002～04年	ドイツ技術協力公社による農業生物多様性プロジェクトの実施 "Options support for on-farm conservation of Agricultural biodiversity in Eastern and Southern Africa"
2007年	イタリアのスローフードイベントにエジェレ村の代表が参加

遺伝子資源の多様性が国際的に認められている（表8-1）。

　なかでも、タンパク質含量が高いマカロニコムギ品種はパスタ用として需要が高い。イタリアでも注目されており、2007年にはイタリアのスローフードに関するイベントにエジェレ村の代表が参加したという。

　1985年に国立ジーンバンクが種子の採取・収集を行った際も、チェフェ・ドンサ村とエジェレ村では多くの農家から種子が採取された。しかし、両村にコミュニティ・シードバンクが設立されたとき、すでに在来種コムギの95％がなくなっていたといわれている。両村がデブラゼイト農業試験場[15]に比較的近く、新品種の入手が容易なため、農民が次々と新品種に切り替えたのであろう。そこで、設立時にジーンバンクが採取した種子を地域の農家に戻した。ただし、活動開始当初はジーンバンクから持ち出せる種子量が制限されており、わずかひとつかみの種子から栽培が開始され、農家で増殖されていく。

2）エチオピア有機種子行動のコミュニティ・シードバンクが扱う種子

　栽培作物の多様性は、気候変動による収量・収穫のリスク、市場価格の変動、社会的・政治的なリスクを回避するためにも重要であると考えられている。エチオピア有機種子行動のコミュニティ・シードバンクが扱う種子の品種は地域の農業システムによって決まるため、各シードバンクによって異なる。

　チェフェ・ドンサ村のコミュニティ・シードバンクでは、表8-2のような59種類の作物と品種を扱っている（現地スタッフの聴き取りに基づくため種・品

表8-2　チェフェ・ドンサ村のコミュニティ・シードバンクに保存されているタネ

作　物	作物名および品種名
穀類	オオムギ、コムギ（学名：*Triticum aestivium*）、マカロニコムギ（学名：*Triticum Durum*、品種名：'ハラ'、'クブサ'、'ゲラルド'、'レリシエ'［Lelisie］、'エジェレッサ'［Ejeressa］、'黒コムギ'［Black wheat］など）
マメ科	インゲンマメ、サヤエンドウ、ソラマメ、ダイズ、レンズマメ、ヒヨコマメ（白・赤）、コロハ（香辛料）など
油糧種子類	セイヨウアブラナ、ゴマ、ヒマワリ、ラッカセイ、アマなど
野菜類	レタス、キャベツ、エチオピアキャベツ、トマト、ピーマン、赤トウガラシ、フダンソウ
根菜類	タマネギ、ニンジン、ビート

種が混ざっているが、扱う遺伝資源の多様性を紹介する目的で列挙した）。

　特定の年にシードバンクが配布する種子の品種を決める要素としては、コミュニティ・シードバンクで準備できている種子の量が大きな要素ではあるが、農家の嗜好も考慮されている。ただし、エチオピア有機種子行動が多様な作物と品種を用意しようとしても、すべてを用意することはむずかしい。

　エチオピア有機種子行動は種子の在庫と多様性、市場価格を考慮して、毎年植え付け前に栽培作物につき上位3品種を推薦する。農家はその中から、自分の興味と関心に沿った品種を3種類選定し、植え付け前に種子が分配される。参加農家は、コミュニティ・シードバンクから入手した種子以外にも自家採種や交換によって入手した品種を栽培している。

　通常、農家は3月上旬に収穫を終了し、3月後半に前年に借りた種子量に利子分の20%を上乗せして、コミュニティ・シードバンクに返却する（写真8-2）。返却した残りの種子は、自家消費するか販売するが、詳細は農家によって異なる。

　小麦を3品種、ヒヨコマメを3品種（白・赤・緑）、マメ類、その他の油脂作物など合計して11種類を栽培する男性は、多種多様な作物栽培は伝統的な農家の戦略であると語り、単一栽培と比較して以下の利点をあげた。

　①労働力の分散：1つの作物を広い面積で育てるよりも、複数の作物を育てるほうが、同時に植え付け・収穫しなくてよい。

　②市場価格変動への対応：市場で1種類の価格が下がっても、他の作物を売って、よい収入が得られる（たとえば、小麦の価格は2008年に上昇し、2009年は下落した。一方で豆類は逆の価格変動）。

　③土壌の肥沃度維持：輪作によって、土壌の肥沃度を維持し、次世代に豊かな土壌を継承できる。

　2010年には各地域に適した32品種を選定し、その中からとくに4品種を推奨した。この決定は、コミュニティ・シードバンクの在庫種子量と市場価格、2011年度

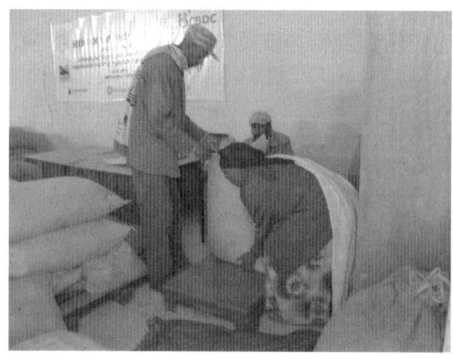

写真8-2　シードバンクで返却される種子を受け取るスタッフ

にエチオピア有機種子行動が他地域に新設するコミュニティ・シードバンク用の買い取りも考慮し、メンバーと相談して行ったものである。農家との完全な契約栽培ではないが、エチオピア有機種子行動の上乗せ価格を期待して栽培を決める農家も存在する。

3）農民からみたエチオピア有機種子行動とコミュニティ・シードバンクの役割

エチオピアの農村では、改良品種の種子を購入できない農家も、自家採種や農家同士の種子交換という伝統的な方法と、地域でアクセス可能な既存の組織によって、毎年播種する種子を確保している。

コミュニティ・シードバンクのメンバー（写真8-3）は、①伝統的な農家同士の種子交換や伝統品種の自家採種、②コミュニティ・シードバンクから入手する新たな3品種、③前年度までにコミュニティ・シードバンクから入手した自家採種が可能な改良品種および在来品種の3種類から、種子を選択できる。したがって、コミュニティ・シードバンクは、経済的に余裕があって改良品種の種子を毎年外部から購入できる農家に対しても選択肢を増やすという点で有効であると考えられる。

また、農業試験場などにアクセスできない25歳の女性は「コミュニティ・シードバンクのメンバーになってから種子に困らなくなった」と話し、ある42歳の男性は「コミュニティ・シードバンクができて種子をいろいろと選べるようになった」と語っている。こうした意見からも、農家にとって旱魃などの気候変動に耐えうるように、作物の多様性を考慮しながら種子を改良品種と在来品種から選択できることの意義がよくわかる。農家にとって、種子の安全保障としてコミュニティ・シードバンクが重要な役割を果たしている。

写真8-3　コミュニティ・シードバンクのメンバーの農民たち

5　政府関係機関との協働

　エチオピア有機種子行動は、USC カナダの財政・技術支援を受けてコミュニティ・シードバンクの運営を支援してきた。その存在は、コミュニティ・シードバンクの持続性を高める介在者として重要な役割を果たしている。具体的な工夫点としては、以下の3点が指摘できる。

　第一に、優良種子の確保による種子や食糧の安全保障と、農業生物多様性の管理の両立をめざしている。

　第二に、在来品種の管理と並行して、農家が求める収量の高い改良品種のなかで自家採種が可能な品種を研究機関から導入し、コミュニティ内で増殖後、シードバンクのメンバーに供給すると同時に、新設のコミュニティ・シードバンクにも提供している。

　第三に、国際機関のプロジェクトが通常3年間程度で終了するのに対して、1994年から一貫して農民支援を続けているため、農民が活動をスムーズに継続できる。

　では、エチオピア有機種子行動やコミュニティ・シードバンクは、政府関係機関とはどのような関係をもち、どのように協働してきたのだろうか。

　チェフェ・ドンサ村とエジェレ村は、デブラゼイト農業試験場の近くに位置する。そのため、農業試験場が新品種を紹介し、初期の栽培を実践する場所として、設立当初より、つながりが強かった。1985年から国立ジーンバンクが種子の採取・収集を行う際にも、両村の多くの農家から採取されている。

　また、エチオピア有機種子行動は大学や国内各地の農業試験場などと協力して農家圃場学校(Farmer Field School)を設置し、研究者と農家と政府の農業普及員が一緒になって、新技術と伝統知の融合を図ってきた。新しい知識を伝える教育を行い、農家からのフィードバックを研究に活かすというサイクルを構築している。さらに、種子の販売には質の高さが必要であり、増産のためではなく、品質向上のために国内各地の農業試験場と協力してきた。

　さらに、エチオピア有機種子行動のプロジェクト対象地の北部(Wollof)地域の2つのコミュニティ・シードバンクでは、エチオピアの既存組織である農民研修センター(Farmer Training Center：FTC)の農業普及員(Development Agents)と協力し、コミュニティ・シードバンクの利用をとおして在来作物や在来品種

の持続的な管理を支援している。北部の人びとはエチオピア有機種子行動のスタッフが話せない言語を使用するため通訳が必要で、文化的背景や気候条件も異なる。そこで、農民研修センターに駐在する現地の農村の状況に詳しい農業普及員と協働で活動しているのである。

現在は、農業普及員が中心となって、農家とともに在来コムギの品種選定を農家の圃場で行っている。その様子が撮影されたビデオを見ると、農家が集まってメモを取ったり、意見交換したり、真剣に話し合っていた。このようにエチオピア有機種子行動は、既存組織との協働によって、コミュニティ・シードバンクの持続性を維持している。

なお、コミュニティ・シードバンクは地方政府に認定された機関である。種子は、植え付け前の5～6月の決められた数日間に、地方政府の管理下で配布される。種子の選抜は地方政府と共同で行う。だから、農家の組織化には地方政府の存在が必須である。農家が生産した種子は農業試験場や地方政府の農業普及員によって設置された委員会によって認証され、種子用と食料用を区別して、分別・回収・流通・販売が行われる。

グローバルな国際社会が掲げる生物多様性の保全や種子の安全保障という目標とローカルな農民が直面している現実には、大きなギャップが存在する。そのギャップを埋めるために、現地NGOであるエチオピア有機種子行動は、国際機関をはじめとして、国際NGOのUSCカナダ、エチオピア国立ジーンバンクとコミュニティ・シードバンクをつなぐ仕組みを形成している。同時に、コミュニティ・シードバンクの支援をとおして、既存の政府機関によるグローバルな開発目標と現場の農民をつなぐ介在者としての役割も果たしているのである（図8-2）。USCカナダは、このエチオピアでの経験をもとに他のアフリカ諸国でのコミュニティ・シードバンク設立も支援している。

社会と環境の持続性を重視した持続可能な農業の観点からは、均一な一代雑種ではなく、その土地で生まれ、その土地の多様性に適合した品種を、その土地で保存・栽培し続ける必要がある。コミュニティによる遺伝子資源の保存と農業生物多様性の管理は、気候変動に対応するうえでも大きな役割を果たすと考えられる。

しかし、実際にすべての種子の保存と生産を農家だけで行うことは不可能に近いし、在来品種の種子のみで農家のニーズを満たすことも困難である。国際

図8-1　ローカルとグローバルをつなぐ現地NGOとコミュニティ・シードバンクに関わる各組織のイメージ図

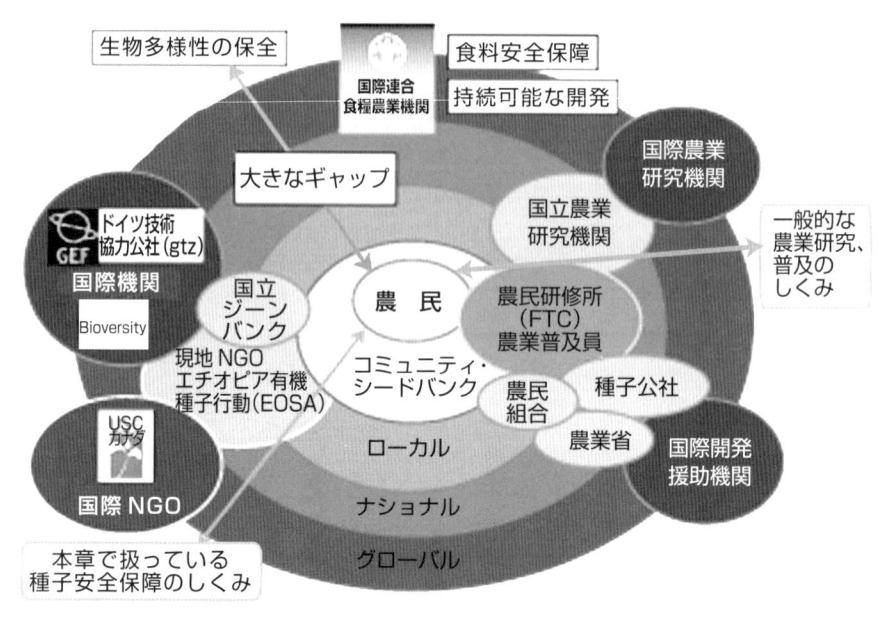

注：地域から離れた場で合意された国際条約などに基づく生物多様性保全の考え方を農民に押しつけることは農民の生活実態とかけはなれており、農民の食料安全保障確保や農民の権利の実現との間にギャップが大きい。したがって、図の右側にあるような一般的に行われている国際機関、国家レベル・地方レベルの公的機関による研究・普及に加えて、国際機関、国立研究機関、国際NGO、現地NGOが有機的に連携すれば、このギャップを埋めることができる。
出所：筆者作成。

機関、国内研究機関、国際NGO、政府、地方機関、地域NGOのすべてが連携して、農家が直接利用する遺伝資源の管理に関わることによって、はじめて種子と食料生産が保障される。したがって、現在のエチオピア政府が食料安全保障を確保するために、公的機関による改良品種の種子生産を支援する視点のみならず、農民組織による在来作物と在来品種の種子生産を支援し、農業生物多様性を資源として農業・農村開発に活用する視点は、重要である。

さらに、新品種を生み出すための研究の育種素材としての農業生物多様性の価値のみを強調する組織・制度、つまり研究機関や法律などが主流となっているなかで、農民の位置づけは重要である[16]。エチオピア有機種子行動は、種

子生産をとおした農業生物多様性の管理において農民を重視しており、既存組織と活動を継続しているコミュニティ・シードバンクから学ぶべきことは多い。今後のアフリカ農業・農村開発における農業生物多様性管理の位置づけ、さらにそこでの農民の位置づけについて、関係者が関心をもって議論する必要がある。

　本章で紹介した国際NGOの支援によって在来農業技術・作物を資源として活用する取り組みは、農業生産性の向上と環境保全が両立する可能性を示し、アフリカにおける持続可能な農村開発の実現につながると考えられる。アフリカの深刻な食料不足を克服するため、また2015年までの飢餓半減という開発目標の達成に向けて、農業生物多様性を途上国の地域開発の資源として持続的に利用し、生物多様性の保全にも資する可能性のあるコミュニティ・シードバンクが果たす役割は、非常に大きい。そして、今後のさらなる普及も期待される。

　〈謝辞〉現地調査の際に国際協力機構(JICA)エチオピア事務所およびプロジェクト、エチオピア有機種子行動から協力をいただいた。記して感謝したい。

(1) 本章は、以下の論文に基づき加筆・修正したものである。
福田聖子・西川芳昭(2010)「エチオピアのコミュニティ・シードバンク事例にみる農民主体の農業生物多様性管理」『国際農林業協力』第33巻2号、33〜39ページ。
Seiko Fukuda (2011), Agrobiodiversity in Ethiopia: a Case study of Community Seed Bank and Seed Production by Farmers, *Improving Farmers' Access to Seed*, Ethiopia Institute of Agriculture Research, Addis Ababa, Ethiopia, pp. 31-41.
(2) 二木光(2008)『アフリカ「貧困と飢餓」克服のシナリオ』農山魚村文化協会。
(3) 齊藤晴美監修(2008)『アフリカ農業と地球環境—持続的な農業・農村開発はいかに可能か—』家の光協会。
(4) 平野克己編集(2001)『アフリカ比較研究—諸学の挑戦—』日本貿易振興協会アジア経済学研究所。
(5) 掛谷誠編(2002)『アフリカ農耕民の世界—その在来性と変容—』京都大学学術出版会。
(6) 重田眞義(2002)「アフリカにおける持続的な集約農業の可能性—エンセーテを基盤とするエチオピア西南部の在来農業を事例として—」前掲(5)、163〜189ページ。

(7) Mahider (2010), Collective Action News Jul/August 2010, Updates from agricultural research in Africa http://mahider.ilri.org/bitstream/10568/2316/1/Collective%20Action%20News%20Jul%20-%20August%202010.pdf#search=%27Agricultural%20Biodiversity%20Initiative%20for%20Africa%20:%20ABIA%27 (2011年7月4日アクセス)。
(8) 香坂玲・本田悠介(2010)「遺伝資源の利益配分と知的財産権―生物多様性条約の経験から―」Discussion Paper, No. 177, GSID, Nagoya University.
(9) USCカナダ(Unitarian Service Committee: USC) http://usc-canada.org/ (2011年8月3日アクセス)
(10) エチオピア有機種子行動(EOSA : Ethio Organic Seed Action) http://www.africanfarmdiversity.net/Case_Study_EOSA.html 2011年7月4日アクセス)
(11) 出版は Canadian Council for International co-operation。日本語訳は以下のとおりである。P・R・ムーニー著、木原記念横浜生命科学振興財団訳(1991)『種子は誰のもの―地球の遺伝資源を考える―』八坂書房。
(12) 西川芳昭・根本和洋(2009)「地球規模で考え、地域で活動する環境保全と食糧安全保障を創造する市民活動―種子と食の主権確立を目指して活動するカナダ諸団体―」『信州大学環境科学年報』第31号、137～147ページ。
(13) ETCグループ(Action Group on Erosion Technology and Concentration: ETC) http://www.etcgroup.org/en/(2011年8月3日アクセス)
(14) Regassa Feyissa (2006), *Background Study 5 Farmers' Rights in Ethiopia : A Case Study,* Funded by the FRIDTJOF NANSENS INSTITUTT THE FRIDTJOF NANSEN INSTITUTE and BMZ/GTZ. https://www.gtz.de/de/dokumente/en-biodiv-fni-background-study5-farmers-rights-ethiopia-2006.pdf(2011年7月4日アクセス)
(15) エチオピアには、エチオピア農業研究機構(EIAR)があり、連邦レベルと州レベルの研究機関が存在する。デブラゼイト農業試験場はおもに穀物育種を担当しており、1953年の設立当初から両地域とのつながりが強かった。
(16) 西川芳昭(2005)『作物遺伝資源の農民参加型管理―経済開発から人間開発へ―』農山漁村文化協会。

コラム

ネパールにおける参加型植物育種とは

鄭せいよう

◆農民のニーズを反映した育種方法

1990年代から作物の育種においても参加型開発の概念が取り入れられ、「参加型植物育種」(Participatory Plant Breeding：PPB) という言葉が多く使われるようになった。なかでも、多様な地形や気候が豊かな農業生物多様性をもたらし、作物の在来品種が多く残るネパールは、農民参加型育種開発を行っていることで知られる。

ネパール政府は1966年から、ネパール国農業研究協議会(National Agriculture Research Council：NARC) を中心に、種子や作物遺伝資源に関する研究を行ってきた。従来は、開発された種子を試験場や農家の圃場で試験栽培し、品種評価後に農家に提供するというのが、研究所における品種開発の一連の流れである。しかし、協議会では開発した高収量・耐病性の品種が農家に持続的に栽培されないという課題をかかえてきた。

当時ネパール国農業研究協議会の研究員であったスタッピッドとK. D. ジョッシュは、おもに研究所で品種改良が行われる育種方法に疑問をもち、イギリスの研究チームとともに、農民自身が育種素材の選定や品種評価・選抜を行える参加型作物育種の方法を模索し始める。しかし、協議会のような国全体を受益者と想定する組織では、こうした方法はコストがかかり、地域ごとの対応・支援を必要とする参加型作物育種は実践できないと判断。二人の影響を受けた農場現場を知る協議会の研究員が独立し、1995年にNGOとして Local Initiatives for Biodiversity, Research and Development：LI-BIRD (生物多様性研究開発のための地域イニシアティブ(仮訳))を設立した。

こうして1990年代後半から、LI-BIRDを中心に農民のニーズが反映される参加型植物育種が行われるようになった。ネパール国農業研究協議会も育種の開発を進めるという目標はもっていることから、いまでも両者はよきパートナーである。

農家の知識やすでに栽培されている品種を利用しながらの品種改良を支援するスタンスをとる LI-BIRD は、直接農家に入っていくので、政府が網羅できない情報や農家を把握できるという強みをもつ。後に、政府の研究機関も NGO の存在を受け入れるようになり、LI-BIRD が推進する参加型植物育種は他の関係者にも認められるようになった。こうした影響もあり、近年はネパール国農業研究協議会も参加型の概念を取り入れた育種プロジェクトを行っている。

◆完全参加型育種と参加型品種選抜

では、参加型植物育種とは、具体的には何を意味するのだろうか。

一般的には、作物の品種改良における育種家と農家の協力を意味する。そして、「完全なる参加型植物育種(the Complete PPB)」(以下「完全参加型育種」)

と「参加型品種選抜」(Participatory Variety Selection：PVS) という 2 つの異なる考えを基本に説明されることが多い。

表コラム－1 で示されているように、完全参加型育種は育種素材を選ぶ段階から最終ステップである品種評価までの全過程への農家参加を意味する。これに対して、参加型品種選抜は完成された品種を農家の圃場で研究者と農家が協力して評価・選抜する方法を意味する。

これらの手法はどのような場合に使い分けられるのだろうか。ネパール国農業研究協議会と LI-BIRD を例に、現場で概念の違いがどのように働いているのかを紹介したい。

◆参加型品種選抜を重視するネパール国農業研究協議会

ネパール国農業研究協議会では、新品種の持続性が問題となっている状況のもとで、より多くの農家に品質のよい品種を栽培してもらい、食料自給の安定性を確保したいと考えている。従来の育種に農家の意見を少しでも取り入れられれば新品種開発の持続性・効率性が上がると考え、参加型植物育種を導入した。協議会の職員

表コラム-1 完全参加型育種と参加型品種選抜

手法モデル	完全参加型育種		参加型品種選抜		従来の育種開発	
参加者	研究者	農家	研究者	農家	研究者	農家
育種素材の選定	○	○	○	×	○	×
特性調査	○	○	○	×	○	×
品種育成	○	○	○	×	○	×
品種評価	○	○	○	○	○	×

出所：Morris, ML. and Bellon, MR. (2004) "Participatory plant breeding research", *Euphytica*, Vol.136, pp.21-35. を参考に筆者が作成。

は、食料安全保障の早期実現に参加型植物育種が貢献できると考えている。しかし、完全参加型育種の大切さについて理解はしているものの、優先すべき手法ではないと考えており、参加型品種選抜を中心に用いる場合が多い。

完全参加型育種を実践しない理由として、まず時間とコストの問題があげられている。参加型品種選抜ならば、遺伝的に優れていると思われる品種を研究所で数系統開発し、それを農家が評価・選抜するから、農家のニーズを効率よくくみ取ることができると、複数の研究員は説明した。参加型品種選抜では特定の品種を選ぶのに農家が参加する期間は平均1〜2シーズンと短い。評価が終われば農家は種子生産に移行するので、育種家が農家を頻繁に訪れる必要性も低くなる。

また、国立研究機関であるネパール国農業研究協議会は広い範囲をカバーできる手法が必要とされるが、完全参加型育種は狭い範囲もしくは特定の地域に適している。たとえば、2002〜05年に実施されたコムギに関する参加型品種選択プロジェクトは、異なった地域で必要とされる品種を比較評価し、多様な地形や状況に適応する品種を選抜して、持続的な生産システムを築くことが目的である。実際に、カトマンズ盆地内の3地域で合計24の村が参加した。こうした場合、完全参加型育種の実践はむずかしいと研究員は語っている。

こうしたネパール国農業研究協議会の役割から、研究員が完全参加型育種や参加型品種選抜を農民に説明する際に、農民の関与の重要性に言及はするものの、エンパワーメント、意思決定、遺伝資源の多様性、伝統知識の保全といったキーワードにふれることはなかった。研究員に重視されるのは、農民参加の効率性と品種の生産性である。農家側も、プロジェクトは生産性を高め、耐病性のある品

ネパール国農業研究協議会の参加型品種選抜に関わった農家たち

種を提供してくれるものという認識が強く、意思決定や生物多様性保全という視点はもっていなかった。

◆農民の実質的参加を重視する LI-BIRD

LI-BIRDでは、完全参加型育種や参加型品種選抜は生物多様性保全や農家の権利を保護するうえでのツールの一つであると解釈されている。参加型植物育種には参加型品種選抜も含まれており、近年では品種の評価段階への農民参加がもっとも重要だと主張する。ただし、いまのところ参加型品種選抜プロジェクトのほうが多く、完全参加型育種を取り入れているケースはほとんどない。また、完全参加型育種においても、大半の参加農家は品種評価のみにしか参加していないことが明らかになった。

しかし、ネパール国農業研究協議会との大きな違いは参加型植物育種プロジェ

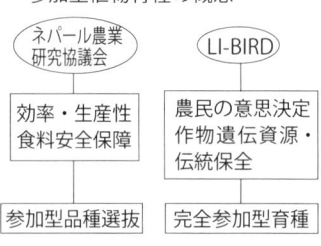

完全参加型育種プロジェクトでイネの交配作業をする農家

クトに関する説明である。LI-BIRDでは、作物遺伝資源の多様性を保全し、農家が期待する育種を行うには、農家自身が培ってきた知識や意見を育種素材の選定や特性評価の段階から反映することの重要性が強調される（図コラム-1）。膨大にある材料・情報から農家がベストだと思うものを選定するには時間がかかり、容易な作業ではない。だが、こうした農民参加なしには農民のニーズに本当に沿うことができる品種を作り出せない、というのがLI-BIRDの解釈である。

このような手間のかかるプロジェクトは、ネパール国農業研究協議会にはできない。それをLI-BIRDが補っている。実際、1990年に実践された完全参加型育種の「作物遺伝資源の圃場内保全プログラム」では、たとえば特定の農家に交配技術を

図コラム-1 ネパールにおける参加型植物育種の概念

教え、5〜6世代育ててもらってから他の複数農家が品種評価をした。農民参加のために多くの時間とコストがかかっている。

完全参加型育種もしくはそれに近い形式は特定の地域や品種には適しているが、広い範囲をカバーできないという点も、LI-BIRDのスタッフは認識している。作物遺伝資源の圃場内保全プロジェクトでは山間部に位置する特定の村を参加対象にしぼり、その土地に適した品種の開発が必要とされた。このようにLI-BIRDでは、効率性より、農家のニーズを第一に考えたプロジェクトの実践と、そこへの農民参加を重視しているのである。

また特筆すべきは、農民の権利に対するLI-BIRDの政策部門の活動が活発である点だ。参加型植物育種で作られた品種に対する農民の権利や、そうした品種をどう広めれば参加農家に貢献できるかに、配慮している。

こうした姿勢のもとに行われる一連のプロジェクトによって農家がエンパワーメントされてきた、という感想をもつ職員は多い。実際に農家リーダーたちはLI-BIRDのサポートのもとで、農民の権利に関する声明を作成し、彼らのニーズを反映させている。また、参加農家全体

LI-BIRDのプロジェクト地であるベグナスの農家に対する筆者（右）のインタビュー

が作物品種の多様性保全に対する高い認識をもっていることが、聴き取り調査で明らかになった。

今後の課題としては、ネパール国農業研究協議会とLI-BIRDとのさらなる連携と、きめ細かいサポートを両者が農家に提供し続けられるかであろう。

＊本稿は2011年3月と10月に実施したネパール農業研究協議会とLI-BIRDの各プロジェクトマネージャーおよび参加農家への筆者の現地インタビューの結果に基づく。インタビューにあたっては、信州大学・根本和洋氏の協力を得た。記して感謝したい。

第9章 食料農業植物遺伝資源の保全と国際利用の俯瞰
── グローバルな利益配分と地域組織の分析および倫理面の検討[1]

渡邉 和男

1 遺伝資源の利用に係るパラダイムシフト

　人類は地域や大陸の間を移動することによって多様な食料農業植物遺伝資源を世界中に交換・拡散し、利用・改良してきた。これらにより、人類の生存の担保、豊かな生活、そして文明の爛熟が支援されたのである。近代では、多様な食料農業植物遺伝資源は、プランテーションや大規模生産による産業化によって、食料の保障と世界の成長をグローバルに支援してきた。本章では、筆者がこれまで発表してきた論考のレビューを通じて、このような世界の環境における生物多様性の位置づけについて、グローバルとローカルを結ぶ視点をどこに見出せばよいか考察する。

　遺伝資源は、人びとの生存を支え、生活に利用され、文明の基盤を形成することに寄与してきた。遺伝資源は水、大気や土壌のように環境のなかの重要な要素であり、これらの調和と地球環境が生態系を構築し、地球の持続性を支えてきた。また、産業革命以前は、伝統的な経験による人類の生産活動の調整によって異なる生物種の多様性が維持され、地球生命圏が保全されてきている。したがって、遺伝資源は、人びとの細心の注意がなければ簡単に劣化・損失し、結果として生物多様性が失われ、地球全体の存亡に関わることになる。

　一度失われた遺伝資源は、最新のバイオテクノロジーを用いても再生できない。その一方、遺伝資源は育種などを通じた知的作業によって、限りなく付加価値を創成していくことができる。このような限りない可能性をもつ資源であることの認知と、次にあげる所有権の保護が、現在の国際議論の基盤になっている。

　バイオテクノロジー分野の科学技術の飛躍的発展により、遺伝資源は無限ともいえる可能性をもつ[2]。一方、これをとりまく社会・政治的な環境も大きく

変化している。植物遺伝資源を人類の共有財産として捉える観点から、バイオテクノロジーなどによる革新的発明への動機として人類の共通関心事となり、パラダイムシフトが起こってきている(図9-1)。生物多様性条約[3](Convention on Biological Diversity：CBD)、食料農業植物遺伝資源に関する国際条約[4](International Treaty on Plant Genetic Resources：IT PGR)、世界貿易機関(World Trade Organization：WTO)/知的所有権の貿易関連の側面に関する協定(Agreement on Trade-Related Aspects of Intellectual Property Rights：TRIPS協定)[5]、世界知的所有権機関[6](World Intellectual Property Organization：WIPO)、植物品種に特定しては植物新品種保護

図9-1　食料農業植物遺伝資源の国際的交渉の流れ

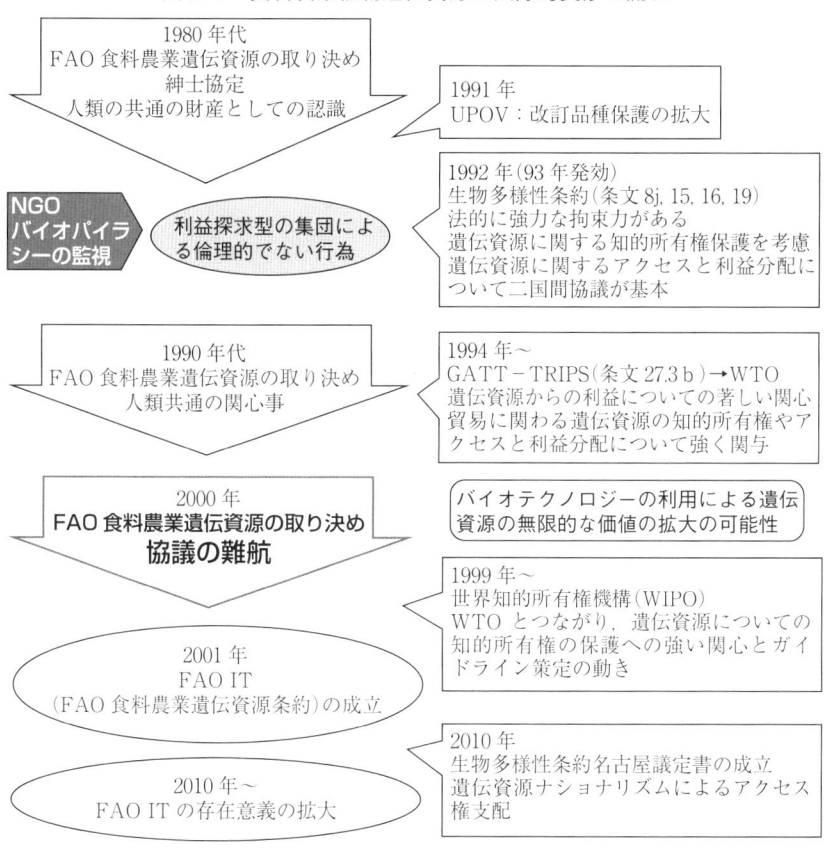

年代	FAO側の動き	他機関の動き
1980年代	FAO食料農業遺伝資源の取り決め　紳士協定　人類の共通の財産としての認識	1991年　UPOV：改訂品種保護の拡大
	NGOバイオパイラシーの監視　利益探求型の集団による倫理的でない行為	1992年(93年発効)　生物多様性条約(条文8j, 15, 16, 19)　法的に強力な拘束力がある　遺伝資源に関する知的所有権保護を考慮　遺伝資源に関するアクセスと利益分配について二国間協議が基本
1990年代	FAO食料農業遺伝資源の取り決め　人類共通の関心事	1994年～　GATT-TRIPS(条文27.3b)→WTO　遺伝資源からの利益についての著しい関心　貿易に関わる遺伝資源の知的所有権やアクセスと利益分配について強く関与
2000年	FAO食料農業遺伝資源の取り決め　協議の難航	バイオテクノロジーの利用による遺伝資源の無限的な価値の拡大の可能性
2001年	FAO IT(FAO食料農業遺伝資源条約)の成立	1999年～　世界知的所有権機構(WIPO)　WTOとつながり、遺伝資源についての知的所有権の保護への強い関心とガイドライン策定の動き
2010年～	FAO ITの存在意義の拡大	2010年　生物多様性条約名古屋議定書の成立　遺伝資源ナショナリズムによるアクセス権支配

出所：渡邉(2004)を改変。

国際同盟[7]（International Union for the Protection of New Varieties of Plants：UPOV）などの国際条約や取り決めの交渉が並行して進展しており、これらは21世紀の重要な国際検討事項である。

　また、持続可能な開発に関する世界サミット[8]（World Summit on Sustainable Development：WSSD）や国際連合貿易開発会議[9]（United Nations Conference on Trade and Development：UNCTAD）などの世界的な会合でも、遺伝資源について議論されてきた。

　生物多様性の保全と持続的商業利用に関しては、遺伝資源の知的所有権やアクセスと利益配分（access and benefit sharing：ABS）について議論がなされている[10]。これは、バイオテクノロジーの発展により、製薬開発や遺伝子組換え体の利用が多大な利益を生み出している実例や今後の可能性だけでなく[11]、素材としてもバイオエネルギーのようにバイオマス資源の確保の国際的な競争が急激に起こっているからである。また、資源提供者や提供国との取り決めや相互対話を行わずに、自国に持ち帰り、その成果で特許などの権利を主張するような、研究倫理に欠ける心ない研究者や企業が、ごく一部であるが存在する。このため、こうした事項をバイオパイラシー[12]（biopiracy、遺伝資源の権利に関わる窃盗行為）として、資源提供国や過激な国際NGOなどが国際議論において、先進国研究機関の遺伝資源へのアクセスを極端に敬遠、さらには反対する傾向もある。

　昨今では、エネルギー需要の拡大により、化石由来燃料の供給や価格の国際的安定の展望、そして化石由来燃料に代わる再生可能な植物由来のエネルギーについて関心がもたれている。多様な油脂原料やバイオマス植物遺伝資源の活用に関心がもたれており、とくにバイオディーゼルオイル供給源としてヤトロファのようなこれまではあまり価値が認められなかった種について、高い関心と利用のための遺伝資源の需要が生まれてきた。

　一方、栽培化や遺伝的多様性の知見が欠如しているため、産業界は容易に実用化できる体制ではない。また、土地利用の観点や地域社会への影響などの社会的要素だけではなく、技術的にも産業システム的にも大規模利用からはほど遠い状況となっている。これらは、可能性および期待と現実の知見の隔離が非常に大きいことの反映でもある。

　また、トウモロコシのバイオアルコール転用によって、食糧価格や飼料価格

の高騰や供給の問題が、恒常的になりつつある。類似した現象は、サトウキビ、シュガービート、オレンジ、コメ、コムギ、オオムギなどの日常生活に関わる作物でも起きて、2008年なかば以来、国際的な食料供給と食料安全保障に対する大きな懸案になっている状況である。一方では、従来の作物のエネルギー利用への転用に代わる、農地の利用と競合しない植物遺伝資源は未開拓のまま存在する。これらの開拓や遺伝資源の有体物および知的所有権の確保が今後の課題となっており、ここでも遺伝資源の知的所有権やアクセスと利益配分は新しい局面を迎えつつある。

　生物多様性条約において、遺伝資源の所有権について国家の主権的権利の尊重があげられ、各国は国家戦略資源として、国外への遺伝資源の持ち出しを厳しく制限している。石油や天然ガスのような鉱物資源が日本に輸入・供給されなければ、日常生活や産業は停滞してしまう。同じことは、農業で使用する品種の種苗、医薬品や発酵食品生産に用いる微生物株などについてもいえる。

　これら生物・遺伝資源の所有権を主張する原産地国によって、生物多様性条約のような遺伝資源の所有権を国家のものとする国際法を理由として遺伝資源の利用や原料の輸出制限がなされれば、生物資源を含めた資源を海外に大きく依存する日本の産業や国民の日常生活が大きな危機に瀕するすることは自明である。

　このような観点からも、遺伝資源は国家安全保障を担保する戦略資源として認知されているのが国際的枠組みの現実である[13]。実際に、生物多様性条約の成立以来、それまでは緩やかであった国際間の遺伝資源の入手や利用、いわゆるアクセスは極端にむずかしくなった。食料農業植物遺伝資源については、後のコラムでふれているとおり、より自由な交換を基本的な考え方とするFAO関連での取り決めがありながら、多くの国家では国家資産としての認知が強く、生物多様性条約発効以降、取り扱いは複雑化している。

　これらの議論のなかで、学術研究や非営利民間団体による国際協力や普及事業も無関係でいることはできない。遺伝資源の保全についても、生物多様性条約の遺伝資源のアクセスと利益配分に関する名古屋議定書の第8条で、生物多様性の保全促進のための簡易化措置への考慮はあるものの、いくつかの国の特例を除けば、名古屋議定書の枠組みからは除外されない。

2 遺伝資源の保全活動

次に、遺伝資源の持続的利用を促進するうえで必須である遺伝資源の保全について、制度的側面の議論に最低限必要と考えられる技術的側面を中心に紹介する[14]。保全方法には大別して、生息域内保全と、特殊な施設による生息域外保全がある[15]。

生息域内保全としては、自然保護区や国立公園のような形で大規模な地域が保護されている場合があげられる。しかし、保護されるべきすべての地域がこうした取り扱いを受けているわけではない。人間の生産活動を支援するため、やむをえず保護地域になっていない場合も多々ある。また、このような自然の生き物の生態系は常に変遷しており、さまざまな種が必ずしも均衡に生存しているわけではない。さらに、農家が種子を使うことによって自家採取し保全することも、生息域内保全の一種と考えられる。この場合は、遺伝的集団をそのままの状態で保つ静的な保全ではなく、利用を促進しながら遺伝的変化を伴う動的な農家育種の要素もある。

このような保全に対して補完し、また人類の知的興味や営みを支援するために、生息域外保全があり、植物園、動物園や水族館のような見本園兼保護施設や、遺伝資源銀行あるいはバイオリソースセンターが存在する。たとえば、保護施設として機能している植物園の場合は、イギリスのキューガーデンなど世界中に約1300以上存在する。それらの多くは、鑑賞目的だけではなく、歴史的な標本や種の保全も司っている。

生息域外保全においては、管理された圃場などの人為的環境で、できるだけ元の状態で飼育や栽培を行う場合がある。また、安定した保全管理計画ができるため、人工条件の特殊設備内で保存する昆虫飼育設備、微生物培養や植物組織培養などの方法が一般的に利用されている。遺伝資源銀行やバイオリソースセンターとしてこのような機能を果たしている公的機関は、農業生物資源研究所遺伝資源センター、遺伝学研究所、理化学研究所、総合研究大学院大学など日本にも多い。

だが、多数の系統を大量に保全する施設は、施設の特殊性、高いコスト、管理の専門性および集中管理に伴う天災への脆弱性が否定できない。2011年の東日本大震災では、東北大学や筑波大学において、文部科学省支援のバイオリ

ソースプロジェクト管理の遺伝資源が、地震そのもや停電にあい、危うくかなりの件数の遺伝系統が失われかけた。日本国内でも天災への危機管理が必要であるだけでなく、周到な支援体制も必須であることを認知した教訓といえる。

　国家が自らの管理下にある遺伝資源の価値を正当に認知し、その保全に必要なコストを支援する必要がある。国家が、恒久的に強い政策的支援を行い、国民資産として資金を負担しないかぎり、遺伝資源の維持はむずかしい。このような負担の問題は、共産圏崩壊後の旧ソビエト連邦管理下のバビロフ植物産業研究所の遺伝資源の散逸と脆弱化が格好の例である。

　新しい技術分野としては、液体窒素に基づく、マイナス150度以下の超低温保存が多様な種で可能となってきた。種子や植物の成長点を保存したり動物の精子や受精卵を同様に維持する超低温槽が各地の保存機関に設けられ、冷凍植物園や冷凍動物園として長期間にこれらの種(しゅ)の文字どおり種(たね)を保全するのに役立っている。

　一方、これら技術がすべての種に適用できるわけではない。植物では、熱帯植物種や樹木で低温保存後の再生が21世紀の現在も、いまだに技術的にむずかしい。保存技術が開拓されなければ、失われる可能性のある植物種も相当あると推定できる。ところが、このような研究課題は相対的に地道で、研究コミュニティーからは敬遠される研究分野であり、公募型の研究費助成などでは、なかなか支援されない。

3　絶滅した種の再生は可能か？

　映画『ジュラシック・パーク』の恐竜たちのように絶滅した種を再生することは、今後可能であろうか？[16]　iPS細胞のように全能性機能をもたせられれば、単細胞が保全できるのであろうか？

　ヒトを含めた哺乳類では、不妊治療の技術として多様な受精技術が開発された。こうした先端技術と再生医学や広汎な再生生物学の発展によって、動物においてこれまでは不可能であった体細胞のクローニングによる再生が、哺乳類では可能になってきている。また微生物では、クレイブ・ヴェンター研究所(アメリカ)の報告にあるように、全ゲノム情報の合成によるゲノム構築、遺伝子発現と細胞再生の可能性が示唆されている。

植物においては、その特性として、挿し木や継ぎ木や株分けなどの栄養体繁殖は、通常の特性として細胞の全能性があることが一般的に認められている。しかし、年齢を経た樹木では容易に挿し芽などができない場合がある。熱帯植物種などでの増殖の基盤知見は、21世紀でも充実しているとはいえない。

　化石のDNA分析は、古代の生物の遺伝情報解析や現代の生物との比較に役立つようになってきている。マンモスのような絶滅した古生物の遺体は、シベリアなどの永久凍土層に存在する。これらを発掘し、冷凍死体や植物の残渣などからDNA解析や体細胞の再生とクローニングをめざす研究者も存在する。いますぐには、死滅した古生物は再生できないが、その片鱗を遺伝子解析できるようになってきている。

　このようなゲノム解析と再生生物学の進展によって、情報があれば生物の再生が可能となる見込みが出てきており、バイオテクノロジーの発展による生物遺伝資源情報の重要性が日々高く評価されている。しかし、これらの可能性は、技術的なハードルもさることながら、社会、倫理などの観点からはまだほど遠いとも考えられる。滅びてしまったものを、神の領域を超えて再生していいのだろうか？　宗教的・倫理的課題は、このような古生物の再生に関わり、今後検討が必要であると考えられる。

4　植物を例とした価値の認知と保護

　推定される現存の植物種は、独立栄養光合成微生物を含めて約60万種もあるといわれ、その半数は被子植物である。微生物植物についてはまだ未発見のものがたくさんあるともいわれている[17]。食料と農業に関する主要な植物遺伝資源のほとんどは被子植物である。

　また、植物は、食資源だけでなく、家畜飼料、衣服の繊維、伝承医薬品、化粧品、燃料、建築資材などとして使われてきている。生物多様性とその根本である遺伝的多様性が、人類の生存および文明の基盤となってきたといって、過言ではない。植物遺伝資源は人類とともに存在しており、それらからの歴史的知見や用途を失わずに、過去から学ぶことによって、未来へ活用していくことが重要な要素である。

　植遺遺伝資源は人類の発展とともに、いろいろな手が加えられ、改良されて

きた。利用についても、多くの知識が得られてきた。19世紀以来、遺伝的多様性を利用した品種改良が積極的に進んだ。1900年のメンデルの遺伝の法則の再発見を開始点として、今世紀に入り、特定の食用作物種において1万年前の人類は、年間に植物を主体とする1万種に及ぶ生物種を食料としてきたと言われている。一方、現在の日常生活では、30品目の食材を一日に摂取するのも、都市生活を行う日本人にはむずかしい。

そして、生産や保蔵加工の利便性のための偏重した作物種と限定された数の品種の栽培により、植物の多様性が大きく失われてきた。とくに、食料安全保障のための大量生産を考慮して、生産における均一性や機械化による利便性を重視した品種改良が世界的に進んだ。たとえば、sd-1や日本のコムギ系統農林10号由来のRht遺伝子などは、品種改良に大いに貢献した。その結果、世界で供給できる食糧は大量に保障されるようになり、1960～70年代に「緑の革命」をもたらした。これら特定遺伝子が世界の食料安全保障を担保したことは事実であり、sd-1およびRht1/Rht2の3つの遺伝子の経済効果は年間5000億円という報告もある[18]。

生産性は確保された一方で、その弊害として、多くの作物種で品種の遺伝的多様性の著しい減少が起こった。現在は、遺伝的多様性の減少による新しい病虫害や環境変動に対する遺伝的脆弱性が危惧されている。

今日までに遺伝的多様性の激減によって、飢饉や環境破壊などの多くの災害が世界的に生じている。1845～50年ごろにアイルランドで起こったジャガイモ飢饉が典型例であり、この飢饉によって社会が変わり、人類の歴史に大きな影響を及ぼしたことは周知の事実である。

植物の栽培化と作物の品種改良は、文明化が起こるうえで必須の

農家による自家採種（ミャンマー・カチン州）

過程ではあった。これらは、農家が利用しながら積極的に品種改良してきたとも考えられる。一方、現代においては、過去を学び、農家の伝統的な経験を考慮することも、将来に向かって人類に資することである。文明化による伝統知の損失を極力抑え、伝統的な知見を生かした生産と持続性を調和させることも、人類存亡の課題への対処になるのではないかと考えられる。

植物遺伝資源の多様性の維持は、食料の保障や農業の持続性と直結しており、人類いわんや地球全体の懸案事項である。また、遺伝資源と関わる利用の情報が一体となって初めて、遺伝資源の価値の充足があり、遺伝資源に関わる伝統的知識も重要な保存要素である。

5 生物多様性条約の現況

周知ではあるが、人類は生物多様性絶滅の危機にあることを再度喚起したい。アメリカの元副大統領アル・ゴアの著作『不都合な真実』[19]のなかでも生物多様性の危機は大きく取り上げられており、生物多様性条約の姉妹条約である気候変動枠組み条約[20]でも生物多様性の保全や森林維持は課題とされている。森林の破壊、砂漠化、海洋生態系の破壊など、すべては人間の過剰生産活動とこれに連動する地球環境の過激な変化のためである。

こうした生態系の破壊は、さらなる環境変動に拍車をかけている。その結果は、すべての生物の絶滅につながる方向にある。便利なもの、生活に必須なもの、生存を支援する資源が、手に入らないだけでなく、人類そのものの存在に関わってきているともいえる。

生物多様性条約は、1987年のブルントラント委員会での持続性への懸案を打ち出した報告を経て、1992年にリオデジャネイロで行われた地球サミットで採択された条約であり、地球環境条約のなかでも主導的なものである。

2010年のCOP-10に先立ち2008年にドイツのボンで行われた第9回締約国会議(COP-9)では、37件の決議事項が採択された。なかでも重要なのは、生物多様性とバイオエネルギーの事項を包含した農業生物多様性(agrobiodiversity)、植物保全のグローバル戦略(Global Strategy for Plant Conservation)、外来侵略種(alien invasive species：AIS)への対処、森林生物多様性(forest biodiversity)、奨励策(incentive measure)、生態系アプローチ(ecosystem approach)、戦略的計画

の進捗状況(progress in implementation of the Strategic Plan)、生物多様性損失の速度の著しい低下とミレニアム開発目標(Millennium Development Goals：MDGs)に向けた2010年までの課題および条約を実施していくうえでの経済的裏付けと資金運用構造などである。

　当然ながら、生物多様性条約の3つの目的のひとつである遺伝資源の利用から生じる利益の公正で衡平な配分についての国際枠組みルール(International Regime：IR)の策定は、重要決議事項であった。また、遺伝資源の知的所有権保護と平行して、伝統的知識の保護も大きな課題として決議された。

　COP-9での決議事項は盛りだくさんであるが、二酸化炭素の排出削減に関わる気候変動枠組み条約の京都議定書と同様に、達成は至難である。どんどん生物多様性は失われていっており、国際自然保護連合[21]などによると一日に40～250の種が失われていると推定されている。森林、海洋、草地などは、資源としての利用は極力控えなければならい状況である。だが、貧しい人たちほど生物多様性に依存しなければ生存できない。先進国においても食料の輸入やエネルギーの浪費があるかぎりは、生物多様性の減少と多数の種の絶滅に拍車をかけることになる。

　COP-10においては、COP-9の決議事項の進行状況や向上が検討された。とくに、下記がCOP-10での交渉および決議事項として特記できる。内陸水圏生物多様性、海洋および海浜生物多様性、山岳地生物多様性、保護地区、生物多様性の持続的利用、生物多様性と気候変動、そして最大関心事であった遺伝資源へのアクセスと利益配分である。さらに広報、教育、普及啓発(Communication, Education and Public Awareness：CEPA)についての活発な議論やサイドイベントが行われた。

6　生物多様性条約における遺伝資源へのアクセスと利益配分に関する交渉

　遺伝資源のアクセスと利益配分に関する交渉は、2004年のCOP-7以来、9回の公式ワーキンググループと、ワーキンググループ会議の延長会議2回、COP-10直前の非公式会議などを経てきた。これ以前に、2000年にボンガイドラインを策定する検討などがあり、COP-10に至るまで10年の長い議論が生物多様性条約関連であった。

生物多様性条約では、2006年にブラジルのクリチバで行われたCOP-8において、遅くとも2010年のCOP-10までに、遺伝資源のアクセスと利益配分について法的拘束力のある議定書のような国際枠組みの策定に関する検討作業を完了することをめざす旨が決議され、名古屋議定書の合意に至った。また、これと関わり、遺伝資源の取得の正当性を客観的に証明するための認証制度のあり方[22]を検討するための「国際認証のあり方」についての専門家会合が2007年1月にペルーのリマで開催され、技術的な議論がなされてきている。だが、COP-10ではこのような積み重ねが必ずしも反映されておらず、かなり強引な外交取引の結果として議定書が成立した印象がある。

　COP-10間際まで、課題点は多数あった。議論され続けたのは、遺伝資源の派生物を議定書の適用範囲として考慮するか、利益配分の担保の仕方、遺伝資源入手の時間的遡及範囲として生物多様性条約発効以前に戻るか、遺伝資源の適正な入手についての証明書の取り扱い、遺伝資源の適正入手についての監督機関の特定などである。これらについて、遺伝資源輸出国の国内法が輸入国の国内法に影響できるような、国家主権の侵害になりかねない議論も最後まであった。

　COP-10交渉は2010年10月28日の未明まで行われ、参加国すべてにとって国益をかけた交渉であったが、同年3月にコロンビアのカリで開催された第9回作業部会以前からの堂々巡りでしかなかった。なかでも、植民地支配による資源と権利の搾取を受けてきたアフリカの発展途上国は、過去の補償要求を行おうとし、必然的に先進国との資源の所有に対するイデオロギー衝突を引き起こす。発展途上国の多くにとっては、単純に資金援助で解決できるような課題ではなかった。

　一方、議長国である日本政府は、最終日の10月29日に議長案を提案する。そして、議長の松本龍環境大臣(当時)が各国と折衝し、議長案が翌日早朝に合意された。合意としては成功であるが、各国実務者はもとより各国の対処方針からは相当逸脱する合意事項となっている。各国の不協和音が残った事項には、遺伝資源としての対象物の定義の明確化、商業利用と非商業利用の識別、議定書遵守についての各国対応組織の責任範疇、遺伝資源の国際認証文書の取り扱い、遺伝資源取引のチェックポイントの運用などがある。今後、遺伝資源のアクセスと利益配分に関する名古屋議定書を運用するうえで多数の事項は先送り

になり、またこのような各国の不満が残っているため、議定書の運用上のさまざまな衝突が起こると考えられる。

　先に述べたように、食料農業植物遺伝資源は国際条約での対象となっているが、林業や食料と薬用併用の多数植物種についてはグレーゾーンとなり、生物多様性条約での主体の取り扱い対象とも考えられている。現在、食料農業植物遺伝資源に関する国際条約は多くの発展途上国によって採択・加盟されており、その標準材料譲渡契約書は条約の範疇外の多様な植物種の譲渡においても使用されている。

　実務的には、食料農業植物遺伝資源に関する国際条約が先行しているため、その手続きが国際標準化していけば、遺伝資源のアクセスと利益配分に関する名古屋議定書が発効して運用されだしても、食料農業植物遺伝資源についての人道的利用に足かせにならない可能性もある。しかし、実態としては、多くの国が遺伝資源のアクセスについて厳しいハードルを設けている。なお、今後の学術研究での問題点は、文部科学省でも議論されている[23]。

7　遺伝資源は国家資産か人類の共通の財産か

　遺伝資源の保全と持続的利用、そして、これらに関わる権利の重要性については、生物多様性条約の成立以後、世界的な関心事項となった[24]。遺伝資源の保全そのものの重要性は冒頭で述べたが、遺伝資源の利用についてもバイオテクノロジーによる高次利用だけではなく、人びとの生活をより直接的に支える基盤資源としての必須性もある。2002年に南アフリカのヨハネスバーグで行われた地球サミット[25]（World Summit on Sustainable Development：WSSD）や、2005年に報告されたミレニアム生態系評価（Millennium Ecosystem Assessment）においても、人類の生存における遺伝資源の重要性は認知されたところである。

　また、生物多様性は飢餓や貧困を打開する基盤であることも常に指摘されてきている[26]。一方、生物多様性条約では遺伝資源について国家資産としての権利の尊重が優先され、生物多様性に大きく生存を依存する貧困状態での生活者、過酷な環境で自給自足によって生きている先住民、地域コミュニティに対する保護の観点は弱い。食料農業植物遺伝資源については国際条約もあり、人道的な支援のための利用は優先すべきとの理解も、生物多様性条約の議論にお

いても生まれてはきた。同時に、生物多様性条約における議論および遺伝資源のアクセスと利益配分に関する名古屋議定書の合意が食料植物農業遺伝資源へのアクセスや利用への足かせにならないように、今後も重篤な課題が残っている。

　遺伝資源の取り扱いは、人類の共通課題であることを認識する必要がある。世界的にみて、これら知的所有権保護の対象となる植物品種やそれらの有用遺伝子は多くの場合、他の国々や特定のコミュニティから由来している場合が多い。有用な遺伝子や品種の親は、古来、地域のコミュニティで利用されている在来品種や野生種に由来するものである。一方、遺伝子の発見者や品種の育成者がそれら遺伝資源に関して知的所有権を主張することは、さまざまな国際論争を招いている、作物遺伝資源の知的所有権についての偏った主張は、原産地において古来よりずっと栽培を続けてきた農家や、地域あるいは国家の基本的所有権や包含される利益に相反するからである。

　そこで、生物多様性条約では起源国の遺伝資源に関する主権を強く主張できるように考慮している。しかし、この論議は先にあげた他の国際的取り決めと必ずしも整合性があるわけではない。今後、国際交渉での調和が得られなければ、遺伝資源についての論争が、領土や石油資源が関係したのと同じような国際紛争を引き起こす可能性も否定できない。

　植物遺伝資源を取り巻く国際政治・経済環境にはさまざまな懸案事項があり、楽観視はまったくできない。とはいえ、植物遺伝資源研究において、こうした難境をひかえながらも、地道な努力と挑戦すべきことがたくさんある[27]。たとえば、次のような植物科学関連分野のいわゆるバイオテクノロジーの進展や応用が、とくに発展途上国の植物遺伝資源の保全に役立ち、遺伝的多様性の利用に大きく貢献すると考えられる[28]。

　①省力化を考慮した、体系化された組織培養による遺伝資源の大量保全。
　②簡易で低コストな組織培養法による、生産性の高い健全種苗の大量生産。
　③免疫学あるいは分子生物学的手法による病原菌の診断。
　④免疫学あるいは分子生物学的手法による環境負荷物質のモニター。
　⑤分子遺伝学的な手法、たとえばDNAマーカーによる遺伝的多様性およびその損失の評価。
　⑥分子生物学的手法による植物由来有用遺伝子の選出。

⑦情報科学の整備による多数の系統の情報を管理するシステム。

こうした分野のうち、開発が進んで商業化されているものも一部にはあるが、多くの植物種、とりわけ熱帯種では、応用がまだ十分に見られない。

本書の多くの事例では、生息地域内での保全と利用が議論されている。そのような保全活動と、科学技術を活用した遺伝資源の利用は、同時に追求されてこそ人類の福祉に役立つものである。そのためには、こうした科学的課題に対して、便益の配分を含めた国際研究協力が必要であり、それぞれの地域における保存支援研究を推進するためにも、材料譲渡などの遺伝資源の国際間移動を担保する国際的枠組みの理解が重要である。このような課題の実施に、今後の若い世代の興味や貢献を期待したい。

(1) 本章の論考の下地となっているのは以下の三つの論文である。個々に他の既発表文献から引用したものについてはそのつど引用箇所を示しているので、興味ある読者は参照されたい。渡邉和男(2008a)「遺伝資源の多様性と持続性」木村武史編著『サステイナブルな社会を目指して』春風社、148〜163ページ。渡邉和男(2008b)「植物遺伝資源の国際動向と日本の戦略—問題提起—」『農業』（大日本農会）3月号、7〜17ページ。渡邉和男(2011a)「COP-10 CBDと食料農林業遺伝資源の関わり」『国際農林業協力』第33巻2号、11〜18ページ。
(2) 渡邉和男(2000)「植物遺伝資源と植物バイオテクノロジーによる環境保全」南澤究・田耕之輔・岡崎正視編『植物と微生物による環境修復』博友社、1〜25ページ。 渡邉和男(2001)「植物遺伝資源なくして食糧保障、農林業やバイオ産業は存在しない」『育種学最近の進歩』第43号、83〜86ページ。渡邉和男(2002a)「食糧および産業に関する植物遺伝資源」新名惇彦・吉田和哉編『植物代謝工学ハンドブック』NTS、10〜27ページ。
(3) 生物多様性条約に関して詳しくはhttp://www.biodiv.org/ を参照。
(4) 食料農業植物遺伝資源に関する国際条約に関して詳しくはhttp://www.fao.org/ag/cgrfa/itpgr.htm, http://www.ukabc.org/iu2.htm を参照。
(5) TRIPS協定に関して詳しくはhttp://www.wto.org/english/tratop_e/trips_e/trips_e.htm を参照。
(6) 世界知的所有権機関に関して詳しくはhttp://www.wipo.int/ を参照。
(7) 植物新品種保護国際同盟に関して詳しくはhttp://www.upov.int/ を参照。
(8) 2002年8月ヨハネスブルグで開催された持続可能な開発に関する世界サミットに関して詳しくはhttp://www.iied.org/wssd/ を参照。

(9) 国際連合貿易開発会議に関して詳しくは http://www.unctad.org/ を参照。
(10) 前掲(1)、渡邉(2008a)を参照。
(11) Watanabe, K. N. and A. Komamine(2004), In: Intellectual Property Rights in *Agricultural Biotechnology*. 2nd edition, Erbisch, F. H. and K. M. Maredia(Eds.), Michigan State University, East Lansing and C. A. B. International, Wallingford UK. pp. 187-200. 遺伝子組換え技術に関しては安心・安全の視点から多くの議論がなされているが、その事実が多大な経済的利益を生み出している・または生み出す可能性のある技術であることを物語っている。
(12) バイオパイラシーに関して詳しくは http://www.twnside.org.sg/, http://www.etcgroup.org/ を参照。なお、用語としては、バイオパイラシーではなく、不適正な対応(misappropriation)という表現が公式の国際議論ではより適正であることを明記しておきたい。
(13) 前掲(2)、渡邉(2001)を参照。
(14) 本節の議論は技術的な側面が強いため、最低限の紹介に抑えている。技術的な詳細に興味のある読者は著者の以下の論文を参照されたい。前掲(2)、渡邉(2002a)。渡邉和男(2002b)「植物遺伝資源の保全及び利用とバイオテクノロジー」『国際農林業協力』第 25 巻 4・5 号、31～41 ページ。渡邉和男(2002c)「生物多様性の保存・再生と利用」『サイエンス＆テクノロジージャーナル』12 月号、18～21 ページ。
(15) 生息域内保全は In situ conservation、特殊な施設による生息域外保全は Ex situ conservation と呼ばれ、国内の議論でもそのまま原語が使用されることが多い。
(16) 前掲(14)、渡邉(2002b)を参照。
(17) 前掲(1)、渡邉(2008a)を参照。
(18) Evenson, R. E. and D. Gollin(2003), Assessing the Impact of the Green Revolution, 1960 to 2000, *Science*, Vol. 300, pp.758-762.
(19) 原著 An *Inconvenient Truth : The Planetary Emergency of Global Warming and What We Can Do About It* は 2006 年に出版され、映画化もされて、地球環境問題を問いかけるベストセラーの一つとなった。アル・ゴア著、枝廣淳子訳、武田ランダムハウスジャパン、2007 年。
(20) 気候変動枠組み条約について詳しくは unfccc.int/ を参照。
(21) 国際自然保護連合について詳しくは http://www.iucn.org/ を参照。
(22) Cunningham, D., C. Richerzhagen, B. Tobin and K. N. Watanabe(2005), Tracking genetic resources and international access and benefit-sharing governance: the role of certificates of origin, Work in Progress UNU 17(2): pp. 9-12.
(23) 渡邉和男(2010)http://www.lifescience.mext.go.jp/files/pdf/n573_02.pdf
(24) Ten Kate, K. and S. Laird(2000), *The Commercial Use of Biodiversity : Access to*

genetic resources and benefit-sharing, Earthscan Publications Ltd., London.
(25) 世界開発環境サミット(持続可能な開発に関する世界首脳会議)に関して詳しくは http://www.un.org/events/wssd/、2005 年に報告されたミレニアム生態系評価に関して詳しくは http://www.millenniumassessment.org/en/index.aspx を参照。
(26) Ravi, B., I. Hoeschle-Zeledon, M. S. Swaminathan and E. Frison (eds.) (2006), *Hunger and Poverty: The Role of Biodiversity,* C. A. B. International, Wallingford, UK.
(27) Watanabe, K. N. and A. Komamine (2000) (eds.), *Challenge of Plant and Agricultural Sciences to the Crisis of Biosphere on the Earth in the 21st Century.* Landes Bioscience, Austin TX, USA.
(28) Watanabe, K. and E. Pehu (1997) (eds.), *Plant Biotechnology and Plant Genetic Resources for Sustainability and Productivity,* R. G. Landes Co., Georgetown, Texas, USA. 渡邉和男・岩永勝(1999)「有用植物の遺伝資源」山田康之・佐野浩編著『遺伝子組換え植物の光と影』学会出版センター、125〜134 ページ。

コラム 食料農業植物遺伝資源に関する条約について

渡邉和男

◆背景と意義

　植物遺伝資源についての国際法、FAOの食料農業植物遺伝資源に関する条約は、2004年6月29日に発効されている。だが、日本は2012年1月時点で、いまだに署名も加盟もしていない。

　本条約について、遺伝資源を取り扱うためのバイオテクノロジーに関する知的所有権保護が十分に担保されない可能性があったため、日本とアメリカは投票を棄権している。日本政府の学術研究機関（大学などを含む）への指導は遠慮気味で、国際世論を考慮すると、海外調査や海外との植物材料の入手や交換について個別に注意が必要である。また、生物多様性条約の遺伝資源の利益配分とアクセスに関する名古屋議定書との関連で、種苗会社などの新品種を目的とした商業的な育種だけでなく、研究目的での食料農業植物遺伝資源へのアクセスは注意が必要となる。

　海外での違法行為にならないような植物採集への配慮も、さらに必要となってきている。研究に用いる実験材料の譲渡契約や材料使用に基づく成果の共有は、研究においても学会発表や論文・著作でも絶対必須となっている。研究に関わる学会関係者においては、これらルールを理解し、正しく研究や利用を進める世界の模範となるように配慮することが重要である。

　日本については、食料安全保障政策と国内の農業保護や貿易摩擦などの観点も絡んで、今後食料農業植物遺伝資源に関する条約との関わりを終始もつ必要がある。この条約は育種全般と関わるだけではない。農家の種子自家増殖や農家品種の所在についても関わってくる。

　一方、在来品種の親品種としての位置づけや農家による品種改良による農家の権利などは植物新品種保護条約と深く関わり、本条約と植物新品種保護条約では、相反することが多々ある。本条約では、種苗の取り扱いについて公正かつ衡平なアクセスと利益配分、使用および知的所有権が大きな案件であり、条約合意

までの過程で何度も決裂しかけ、いまだに詳細にわたって調整が必要となっている。

また、本条約は人類の食料保障や貧困の解決には必須の内容であり、その否定は、国家安全保障や国際的地位の損失につながる。しかし、条約の対象をすべての食料農業植物遺伝資源としながら、実際に明確に合意されているものは作物リストに掲載されている35種の食用作物と29種の飼料作物のみである。ダイズやトマトなどの世界的に生活資材として必須の作物種がリストに載っていない。これらリスト外の作物種については、植物新品種保護条約や知的所有権の貿易関連の側面に関する協定（TRIPS協定）などでの駆け引きが常に影響することが予測される。

◆学際的協力と法的・行政的課題

自然科学分野においては、農業関連の基本的分野（遺伝学、育種学、生殖生理学、植物病理学、分類学、生態学、作物学、植物学など）だけではなく、バイオテクノロジー分野（分子生物学、遺伝子工学、細胞生物学など）も直接関係している。これら新しい分野からの技術の利用は、植物遺伝資源の遺伝的多様性の測定や保全に必須である。

また、社会科学分野の役割も重要であり、経済学、地域社会学、民俗学、知的所有権などの法学的見地を基幹とし、複合分野として、民俗植物学などの貢献が重大な要素となっている。したがって、多様な学術分野の知見の理解が必要となってきており、複数分野を理解し、関連した専門家集団と連係できる多角的な才覚をもつ人材が必要となる。

法的配慮についても、遺伝資源を取り扱う生物学者や産業界は理解を進める必要がある。種苗法が存在するだけでなく、知的所有権の保護を中核とする遺伝資源についての国際的取り決めや条約が関係してきている。

とくに、伝統的知識の尊重、遺伝資源へのアクセスに関する農民の権利と特権の認識と配慮、遺伝資源の移譲／入手に関する手続き、すべてについての国家主権の尊重、厳密には、知的財産については主権、遺伝資源については主権的権利がある。植物新品種保護条約と相反するところでは、農家育成品種の保護や農家の権利の重点的尊重などがある。

行政上の取り扱いや諸手続き的にも、遺伝資源研究者の間で理解の促進が必要である。これまでも植物防疫法やワシ

ントン条約により、遺伝資源の移動に際し、植物防疫と希少種保護の目的でさまざまな手続きが必要であった。生物多様性条約や農業遺伝資源に関する取り決め、食料農業植物遺伝資源に関する条約に関連した手続きが開始されており、今後は、これらについて対象国の状況および実際の取り扱いに細心の注意が必要である。

◆利用手続きと国際協力

　食料農業植物遺伝資源の交換に関するひな形としての材料譲渡契約書の形式は、確定されている。研究協力を主体とした目的に応じた材料譲渡契約書の例は、個別の研究機関が設けているものが多数あるが、標準材料譲渡契約書(SMTA)などを参考に世界のパラダイムシフトにあう内容に修正する必要がある。

　SMTAは包括的であるが、学術研究・非商業利用目的については、冗長で手間がかかるとの意見も日本国内各所からでている。一方で、これは相当期間交渉され、かつ植物の新品種の保護に関する国際条約や知的財産の専門家が検討してきたものであるので、簡便性を期する前に、その意義をよく理解する必要があると考えられる。遵守や紛争の際の手続きや営利目的が派生した場合の具体的取り決めなどが先送りになっており、不明な点はあるが、個別の学術使用に関しては、とりあえず国際研究を凍結させない手続きとして、バイオバーシティが旧国際植物遺伝資源研究所時代に推奨してきたものを使うことも考えられる。

　海外調査や遺伝資源収集にあたっては、事前の合意および上記の材料譲渡の手続きを行う必要性がある。2004年ごろは東南アジアやアフリカ諸国の新聞(たとえば、The Straits TimesやBankok Post)やNGOのホームページで、日本人研究者や企業関係者がこうした手続きを行わず、現地調査や国外への遺伝資源を持ち出す盗品行為であるバイオパラシー(biopiracy)を行っていることが、たびたび報道された。いまだに日本人学術研究者によって行われている場合もあり、研究者は社会的信用を失う行為であることをよく理解すべきである。

　植物遺伝資源は、政治的に国境で線を引かれた状態だけで保全／利用することは不可能である。これらの生息域やさまざまな利用価値を考慮すると、多数の国家間での連携や遺伝資源の国際間の移動による地域間での調整が必要となってくる。多国間協力の支援や2国間協力の弱

点を補強できる国際機関との連携も重要である。知見／技術情報や協力資材などを効果的に運用するためにも、とくに農業国際機関との交流は有益である。

また、草の根的に問題に対処し、詳細にわたるパートナーや生息域保全への対応を行うためには、地域／国際 NGO などの参入も考慮すべきである。とくに、遺伝資源の生息域内保全と持続的利用に関しては、各組織が果たす役割は大きい。

遺伝資源研究について、政治的認識も重要となってきており、多様な国際条約や取り決めの交渉が遺伝資源の取り扱いに関して進んでいる。また、2 国間協力だけでなく、地域的協力、多国間連携、国際機関や NGO などの異なる関係主体との調和・連携への考慮が必要となってきている。実務上の協力関係のみならず、効果的に作業を分担し、日本からの研究や協力の貢献を明確にすることは、必須の重要課題である。

◆ 人類共有の資産としての保全

食料農業植物遺伝資源に関する条約に関連し、Global Crop Diversity Trust（国際作物多様性基金、仮訳）が創設された。これは、食料農業植物遺伝資源の保全を支

開発で失われていくミャンマー・カチン州の野生稲の生息地

援するために、育種などで新品種によって得られた利益の還元を、遺伝資源の提供者ではなく、基金へ行うことで運営される。

このような信託基金は理想的であるが、実態としては、運営を十分に行うための基金の確保や運用を支援するスタッフの経費で相当な支出を必要とするという課題がある。また、限られた資金で、どのような遺伝資源保全を支援すればよいのかも、運営者の判断にかなり期するところがある。

〈参考文献〉

渡邉和男（2004）「国際環境における食料農業遺伝資源取り扱いについての留意点」『育種学研究』第 6 巻 3 号、233 〜 238 ページ。

終章 農業生物多様性を管理する多様な組織・制度のネットワーク構築に向けて

西川 芳昭

1 与えられた課題

　人類は、その食料のすべてを直接あるいは間接的に植物に頼り、繊維や油脂、医薬品など有用な資源の生産の大きな部分を作物に頼っている。しかしながら、植物全体から見ると、人類が現在利用している植物種はごく限られる。河野和男[1]はアメリカの作物遺伝学者ハーランの著作を引用し、20世紀後半に人類が栽培している植物は55科408種であり、これは農耕が始まる前に人類が利用していたと考えられる約1万種から比べると大幅な減少であると述べている。ただし、この中には、ワサビやウドのような日本人にとってはなじみが深くても世界的にはマイナーな作物、またサゴヤシのようにおもに採取によって利用されているものもある。実際に重要な作物種は、わずか50種前後とされている。

　一般に、ある農業生態系の中に存在する品種の範囲が広いほど、生態系は安定的で、また外部に対する抵抗性は大きいとされる。多様性に富む作付体系の生産性は単作の生産体系と比べて高くはないが、環境の変化などに対する危険にはさらされにくい[2]。生物多様性の持続的な管理を通じて農業・農村開発を実現するには、この安定性と生産性のバランスをどのようにとっていくかが問われる。

　2010年10月に名古屋で開催された生物多様性条約第10回締約国会議の期間中にFAOは「第2回食料・農業のための世界植物遺伝資源白書」を発表した。そこでは、生物多様性の中で人間が利用している大きな部分である植物遺伝資源が世界の食料・農業の発展に重要な役割を果たしており、食料安全保障と持続可能な農業開発の基本的な資源であることが強調されている[3]。

　このような農業のための生物多様性が持続的に利用される組織と制度について、生物多様性条約などのグローバルな枠組みを前提としつつ、ローカルな事

業や住民による営みの位置づけを明らかにしたのが本書である。

2　農業の近代化と農業生物多様性の消失

　農業にはいろいろな側面・多面的機能があり、人びとの生活環境に対してプラスの側面もあるがマイナスの側面もある。農業の近代化にともない、農業における生物多様性の大きな部分を占める作物の在来品種が急速に失われている。在来品種は、それらが創出された地域の自然条件のみならず、作物の作られている多様な社会文化的条件に適応しているとともに、近代的育種のような強度の選抜を行っていないため、集団内にある程度の多様性を残している場合が多い。このような在来品種の減少は世界中で進行している。

　たとえばアメリカ合衆国では、20世紀にトウモロコシ品種の90％以上（400品種近く）が失われ、数品種が栽培面積の70％以上を占める状況である。フィリピンでは、1970年代前半ごろまで3500あったといわれるイネの品種の大半が作られなくなり、灌漑農業地域では3～5品種に集中している。インドでも以前は3万ものイネの品種が存在したと言われているが、1990年代には4分の3以上の圃場が10品種で覆われる状況になろうとしていたという[4]。遺伝資源を利用した新しい品種の育成によって伝統的に利用されてきた多様な在来品種が作られなくなり、結果として生物多様性が減少する、すなわち資源の利用によって実は資源が減少するという事態が起こっているのである。

　多くの国において、こうした在来品種の急速な消失は農業にとって大きな問題であることが認識され[5]、なくなる前に将来の育種素材として品種が収集され、ジーンバンク（遺伝子銀行）に遺伝資源として保存されてきた。これらの遺伝資源は、国内外の育種家の需要に応えている。

　もっとも、このような遺伝資源の農家圃場から離れた場での保存は、最近になって始まったものではない。古くはロシアのバビロフが世界中の作物を収集し、第二次世界大戦前後には英米の研究者が戦後の復興に備えて収集を続けていた[6]。こうして収集された遺伝資源を用いて、多収性はもとより、特定の病虫害に抵抗性をもつ品種や旱魃に強い品種が多く育成され、「緑の革命」のような農業の進歩に寄与してきた。

　メンデルの法則の再発見以来、育種の材料として遺伝資源が利用され、作物

品種の多様性は資源として認識されるようになった。だが、在来品種の遺伝資源を利用した改良品種の普及によって、それまで栽培され続けてきた在来品種の農家圃場からの消失が促進されることも多い。また、厳密な水管理が困難であるなどの理由により、高収量品種の栽培が環境的に許容しがたい地域も多いために、無理な改良品種の導入が農業や私たちの生活の脆弱性につながる危険をもつことは、必ずしも十分には認識されていない。

3 開発と生物多様性保全の相克

　途上国の開発を考えるとき、食料生産を中心として、国際開発の共通目標であるミレニアム開発目標を達成することが期待されている。一般に、環境保全と開発の問題はトレードオフ関係にあると認識される。

　ミレニアム開発目標においても、その7番目に環境の持続性を掲げているが、第一の目標は極度な貧困や飢餓の撲滅である。世界中の人びとの経済活動において取引されているさまざまな財のなかで、微生物を含む動植物や生態系が直接的・間接的に生産したものが40％を占めると言われている。生物資源利用の開発がわれわれ人類の生活の向上に不可欠であることは間違いない。しかしながら、生物多様性の利用が持続可能でなければ、とくに、生態系に依存している地域の人びとの生活に大きな影響を及ぼし、貧困をより深刻化させることになる。また、われわれの生活を支える物資の供給に悪影響が出る可能性も指摘されている。

　本書がおもに扱ってきた種内の変異においても、限られた種の作物が世界の食料生産を支えている。また、動物性食品の90％はわずか14種の哺乳類および鳥類に依存しており、これらの種の遺伝的多様性が減少すれば、食料安全保障や所得が脅かされる。近代化の過程で、こうした動植物の遺伝的な背景が著しく狭められており、典型的な開発と環境問題とのせめぎ合いの例となっている。とくに、貧しい女性や子どもたちが生物多様性の消失による否定的な影響を大きく受ける可能性がある。

　農村における主たる生物多様性利用の形態である農業開発は、今後とも重要な課題である。開発途上国において農業の経済的比重は減少し続けているが、同時に農村に住む人口は増え続けており、この人びとの生活の質の向上は不可

欠である。

　他に関連するミレニアム開発目標は健康に関するもので(4・5・6番目の目標)、低所得の農村住民は多くの野生生物などを食品・薬品・微量栄養素源としている。また、WHOの調査によると、世界の80％の人びとが日常のヘルスケアに必要な薬品を、伝統的システムを通じて自然生態系や多様な作物品種から取り出されたものに依存しており、健康分野のミレニアム開発目標達成のためにも生物多様性の管理は重要な課題と考えられる。

　作物遺伝資源の多様性の中心は、一般にその作物の栽培化が行われたところと一致するとされ、多くの場合は現在の開発途上地域に存在する。それらの地域の村々では、先進国からの援助などを通じて改良品種にアクセスでき、あるいは農民が自らの圃場の一部で改良品種を栽培しながらも、他から強いられずに在来品種の栽培を続けている例が報告されている。たとえば「緑の革命」でトウモロコシの品種改良を行った国際トウモロコシ・コムギ改良センターのおひざ元のメキシコの山岳地域では、販売用には改良品種を栽培しつつ、自家消費や地域内消費には在来品種を作り続けていることが、センターの研究者自身の調査で明らかにされた。

　改良品種の導入によって在来品種の栽培が減少し、遺伝資源が消失していることは疑いない。とはいえ、環境の多様性が大きな地域では現在も作物の多様性が豊かであり、生態的な不均一性および栽培体系の回復力が強い。したがって、在来作物遺伝資源の多様性が農民に維持され、農業の近代化や集約化に対する異なる選択肢としてではなく、並行して存在し得る可能性がある[8]。

　もっとも、人間の営みが深く関係している食料と農業の文脈で利用されている遺伝資源の由来を議論する際には、野生植物のような単純な議論は困難であることも明らかになっている。栽培植物の起源地の特定は非常に困難であり、すべての地域が遺伝資源において相互依存のうえに成り立っていることも認識する必要がある。このため、遺伝資源を人類共通の遺産としてきたFAOによる国際的申し合わせと生物多様性条約とのすりあわせの努力が1994年以降、行われてきた。

　そして、一つの結論としてFAOを中心にまとめられたのが、第9章のコラムにもふれられているとおり、農業生物多様性を対象とした食料農業植物遺伝資源国際条約である。その理念は、食料・農業に利用される一定の植物に関し

ては、生物多様性条約と並存するシステムとして、農作物の遺伝資源の交換や利用・利益の農民への還元などを簡略化しようとするものである。

　日本は1980年代から、生物多様性の保全と利用に関する二国間国際協力を実施してきた。そのなかで、生態系保全を含む一般的な生物多様性は、環境保全の対象として理解されることが多く、食料農業のための生物多様性である植物遺伝資源の管理とはまったく別個に行われてきた。そのような農業生物多様性関係の援助は、多くの場合、ジーンバンクの設置や運営を通じた植物遺伝資源利用の活性化に対する協力であり、農業の近代化を進めるものであったことは事実である。

　しかし、とくにそうした援助に関わる現場の研究者や技術者にとっては、飢餓・貧困の削減、森林の減少や劣化防止、地球環境問題への対応というグローバルな問題よりも、目の前にいる農家の人たちの生活の向上がより差し迫った活動の原動力である。世界銀行などが進めている世界的な経済システムの枠内における開発途上国の農業の近代化と市場化だけが目標では、決してなかった。もちろん、WTOやEPA（経済連携交渉）などの農林水産業に関連する国際交渉の円滑化が二国間協力の重要な政治的背景である。だが、協力現場では、そこに住む農民や農業技術者の農業生物多様性の持続可能な利用を促す社会的環境管理能力とも呼べる能力の構築が意識され、外部から関わる研究者や技術者も開発と保全の相克を克服する同労者として活動していた。

4　生物多様性利用にともなう公平な利益配分

　植物遺伝資源の保全と利用に関する議論が本格的に国際的な場で始められたのは、1960年代前半のFAOにおいてである。それ以来、他の資源問題と同様に、南北問題の一つとしても大きな国際的課題となっていく。

　初期のころは、近代的育種を前提とした先進国の育種研究者が議論の中心であり、遺伝資源は育種素材提供のために探索・収集され、先進国の研究機関がその保全を行うことは当然とされていた。また、その際に、所有者は誰かという問いは発せられなかった。

　もっとも、遺伝資源の探索は、大航海時代当時のコロンブスのような、珍しい植物を探し求めて時の権力者に献上しようとするプラントハンターにまでさ

表 終-1　生物多様性(植物遺伝資源を含む)に関する理解の枠組みの変遷

時　期	遺伝資源の性質の理解	利用・協力の位置づけ・手法
FAO植物遺伝資源に関する国際的申し合わせ(通称 International Undertaking)以前(～1983)	人類の福祉 vs 育種材料確保(種子戦争)	遺伝資源は自由にアクセスできる 先進国による協議機関として国際植物遺伝資源委員会(IBPGR)設立
FAO植物遺伝資源に関する国際的申し合わせ(1983)	人類共有の財産 農民の権利の概念	資金および技術で途上国支援
改正植物新品種保護国際条約(1991)	品種に対する育成者権を特許に近づける	各国の制度の整備 (sui generis)
生物多様性条約(1992)	生物資源に対する国家主権 保全・持続的な利用 利益の衡平な配分	利益の公正かつ衡平な配分 技術移転の促進 生息地外保全(ジーンバンク)中心から、生息地内保全重視への傾斜
食料農業植物遺伝資源国際条約(2004)	遺伝資源は人為を伴う生息地内(In-situ)保全と生息地外(Ex-situ)保全の両方を活用 利用および機構と能力の開発	アクセスの推進と技術の共有 育種家・農民・地域社会の役割の明確化
名古屋議定書(2010)	生物多様性が(単に保全の対象ではなく)開発の資源であることの再認識 利用には技術と資金が必要であり、先進国(企業)が負担していることの再確認 遺伝資源に関する伝統知識の重要性を明記	加盟国間の遺伝資源へのアクセス(第5条)、利益配分メカニズムの明確化とモニタリングシステムなどの重要性(第10条)の確認 利益配分の多国間システムの必要性認識(第7条2)

出典：各条約などを参考に著者作成。

かのぼることも指摘され、植民地の拡大とともに遺伝資源収集の活動も活発化していく。それが、南北問題や資源ナショナリズムの議論を遺伝資源にもちこむきっかけになった。2010年の締約国会議で開発途上国側が利益配分でこだわった一つが、この植民地時代に収集された遺伝資源から得られた利益をその原産地に還元させることである。ただし、最終的には名古屋議定書に明示されることはなく、一定の決着を見たと考えられる。

生物多様性条約においては、一方では、特許権を含む知的所有権が、途上国が遺伝資源の利用技術の円滑な取得の機会を与えられ、移転を受けることに影響を及ぼす可能性があることをふまえ、そのような知的所有権が条約の目的の助長かつ反しないことを確保するために、国内法などにしたがって協力することが促されている（第16条）。他方では、前文や第8条jにおいて、伝統的な生活様式を有する多くの先住民の社会および地域社会が生物資源に緊密にかつ伝統的に依存していること、ならびに生物の多様性の保全およびその構成要素の持続可能な利用に関して伝統的な知識、工夫および慣行の利用がもたらす利益を衡平に配分することが望ましいことを認識している。

　開発途上国の農業・農村開発が本格的に議論されるようになったのは、開発援助のなかでも決して新しいことではない。第二次世界大戦後、1960年代まで主流であった構造主義の開発経済学においては、経済成長の恩恵はやがて貧しい人にも滴り落ちるという前提で経済開発政策が進められ、海外からの援助による社会資本整備が行われていく。その投資は鉱工業の発展を目標とし、工業材料を生産するプランテーションなどごく一部の例外を除いて、農業分野にはほとんど投資されなかった。都市と鉱工業を中心とした開発は、農村地域の貧しさからの解放には必ずしも大きな効果をもたなかったと考えられる。

　そのなかで、「緑の革命」の技術的な成功は、農業研究への投資による品種改良が、その採用される地域において条件が整ったときに、農業生産性を飛躍的に向上させる可能性を証明したとされている。この品種改良こそが、生物多様性を農業・農村開発のために用いた最初の明示的な事象であろう。

　では、作物遺伝資源がなぜ資源と考えられるのだろうか。育種家にとって価値のあるものという考え方が、遺伝資源という単語の背景にあり、加工して財やサービスを生み出す原料であることを示している。そこでは、育種素材としての利用が前面に出されて議論されてきた。

　「緑の革命」に代表されるように、育種材料として遺伝資源が利用され、人類の福祉向上に寄与したことは間違いのない事実である。しかし、「緑の革命」は、多投入による自然環境破壊、国内での地域・農家間の格差の拡大、農村社会の自律性の喪失などの自然・社会環境破壊の原因となっているとも指摘されている。このような専門的育種家による利用は、遺伝資源が本来存在した地域とは異なる地域で利用されることによって、外来品種が導入された地域の農業

生態系の破壊などの問題も引き起こしていることを、本書との関係で指摘しておきたい。

植物遺伝資源が消失しており、将来の育種素材が失われる危険があるという論理は、生物多様性のもつ多様な価値のなかで、現在人びとが利用している価値に基づいているのではなく、将来利用できるようになった場合に把握される価値（オプション利用価値と呼ばれる）に根ざしていると考えられる（第7章参照）。この価値のゆえに、なくなる前に収集や保全の必要が訴えられてきた。将来の薬品開発の可能性なども、この範疇に入る。

遺伝資源は、それらの多様性が存在するところで収集され、多くの場合は遠く離れたジーンバンクに預けられ、企業や公的機関の研究者に研究利用され、産業や商業に利用される。そこから得られた利益を何らかの形で分配するシステムをつくることが議論の中心となっている。

一方で、遺伝資源・植物の多様性が存在する地域で、そのまま農家などが多様性を利用している場合も多くある。とくに開発途上地域の農民にとっては、この価値がどのように認識・利用・維持されるかが、その生活の持続可能性に著しい影響を与える。遺伝資源が現在存在し、利用されているこのような地域に対して、地域外で資源を利用して利益を得た企業などが金銭的ではない何らかの技術協力のような形で利益配分することも可能である。金銭的な利益配分も非金銭的な利益配分も、生物多様性条約では認識されている。ほとんどが金銭的利益配分を意識していることを現実と認めながらも、実際にはローカルな地域における多様性の持続的利用の担保が多くの途上国住民の生活にとって不可欠であることを認識し、あるべき制度の構築が重要であると考えられる。

5　参加型開発と「食料主権」「農民の権利」

参加型開発概念の興隆

農村開発の議論において、従来からの高収量品種などの近代技術の導入と機械化を可能にする基盤整備による開発だけではなく、地域の資源を関係者が認識して、農家・行政・消費者や都市住民などの多様な利害関係者の参加による開発促進の可能性が議論されるようになってきている。また、環境問題や資源の地域内循環が注目され、農場残渣・家畜糞尿・食品廃棄物の循環、有機肥料

の利用、天敵・間作・混作など生物そのものの力を利用した害虫総合防除などを、収量向上に貢献すると考える農家や研究者が増えてきた。その反面、近代農業技術の教育を受けた科学者や技術者はこれらを近代技術の否定ともみなし、普及に時間がかかるという見解もある[9]。

　だが、農村部の小規模な開発のように、地域の自然や社会環境・条件に依拠し、かつ全体的・統合的なアプローチを必要とする場合は、人びとがさまざまな開発活動に参画し、便益を享受するべきであり、このような参加を通じて形成・実施された開発ほど持続的であるという理解は広まりつつある。政府や企業とならんで、地域の生活者の参加が開発の新しい仕組みづくりに貢献することは、多くの事例から明らかになっている[10]。「地域が個性的で固有の特性を持ち、その特色を発揮することによって、（日本や世界の）豊かさへつながる」[11]、あるいは「目標は人類共通であるが、達成の経路と達成する社会モデルは多様」[12]という内発的発展が、こうした参加によってこそ実現されると考えられる。

食料主権運動と食料農業植物遺伝資源国際条約への期待

　それぞれの国や地域の人びとがどのような作物や品種を栽培し、何を食べるかを自分たちで決める権利は「食料主権」と呼ばれ、量的な食料の供給確保を主とする「食料安全保障」とは異なる概念である。この権利は、普遍的な法規範として国連でも認知されている「食料への権利」と密接につながる[13]。

　食料の生産には水や肥料などさまざまな投入物が必要であるが、品種に関しては歴史的に農家がそれぞれの地域で、自然社会環境に最適な遺伝的特性をもつものを選抜してきた経緯から、持続可能な社会の発展のためには種子の地域における管理が大切となる。生物多様性保全の観点からも、このような種子の管理（保全・利用）を各国・各地域で行うことの重要性が高まっている。世界的に見て、多国籍企業や大企業による専売的な種子事業が圧倒的な勢力をもつなかで、特定地域の農家や組織によって継続的に小規模に栽培されてきた「伝統品種」も少なからず現存する[14]。

　食料主権運動を推進している農民組織ヴィア・カンペシーナ（Via Campesina）は、食料主権を「人びとが自分たちの食料・農業を定義する権利であり、持続可能な開発を実現するために国内（地域内＝domestic）の農業生産および貿易を

よい状態にすること、どの程度の自律を保つかを決定すること、市場への生産物の投入を制限することなどを含む」としている[15]。彼らは、WTO・新自由主義体制に立ち向かう対抗運動と農地改革の実現に行動の重点をおく[16]。食料の確保を量だけではなく質の問題と捉え、また国家の責任や国レベルの問題とするのではなく、地域の農家や消費者自身の問題・基本的権利の問題として捉え、行動につなげていくときに、食料主権が食料安全保障に代わって使われると考えられる。

作物遺伝資源から得られる利益については、経済的な配分と非経済的な貢献の双方で、農民や市民の役割があると考えられる。とくに、非経済的な貢献にはNGOやNPOなどの市民運動が期待される。そもそも、経済的な価値の追求ではなくパラダイムを変えていくのは運動を主体的に進める農民や市民である可能性が高いことは、1999年にシアトルで行われたWTOの閣僚会議を市民グループが阻止したことからもうかがえる(そのやり方の問題は議論されるべきであろうが)。

生物多様性条約などの条約や食料農業植物遺伝資源国際条約に定められている利益配分基金などの基金は、国家レベルで運用される。条約の内容はそれぞれの加盟国政府が国内法に即して実施していくので、住民に利益が衡平に配分される仕組みをつくるには市民同士の横の連帯が必要となる。ローカルな活動も必要だが、国内法や制度の構築では横の連帯が有効であり、ここに経済面だけではない市民の役割がある。また、国際機関や研究機関がこうした草の根の組織や活動に関する実態把握調査を実施する意味がある[17]。

市民運動に関わっている人びとは、生物多様性は生命そのものの問題であるのに、経済的な取引の対象として扱われていることへの違和感をもっている。この違和感を共有する人たちが、自分たちは生命を扱っているのだと明示的に主張し、行動していく必要がある。そのためにも、経済的・非経済的という二分化ではなく、多面的に価値を捉えるアプローチが必要である。

2010年の締約国会議の会場内外で、これまであまり接触のなかった環境系と開発援助系の市民運動家がともに関わるサイドイベントが多く行われたことは、今後の希望につながる。NGOは情報の共有と足元での活動が出発点である。その議論に、企業の最先端で遺伝資源を利用しているような関係者も加わることが期待される。

遺伝資源の管理を農家の手に戻す

メンデルの法則の再発見によって、育種の材料として作物の多様性が利用されるようになって、作物の品種は資源となった。同時に、多収性・抵抗性・食味・形態などの多様性を利用して開発された新しい品種の普及によって、地域の遺伝的な多様性が消失していく。

その結果、消失する多様性を保存する仕組みとして、研究所やジーンバンクの中で保全される「生息域外保全」が急速に進められた。また、作物の野生近縁種が生息する場所や農家の圃場で在来品種を保全する「生息域内保全」を行う場合も、将来育種の材料として利用されるオプション利用価値が中心となる。自らの畑で利用する農家や地域の人びとにとっての使用価値は、重視されてこなかった。

しかし、地域における多様な品種と作物遺伝資源が地域の多様な関係者によって主体的に利用されれば、ジーンバンクに保全されていた遺伝資源が農家の手に戻り、農家の品種利用の決定権の維持につながる可能性がある。それは、地域開発を考えていくときの参加型開発とも整合する可能性が高い。

持続可能な開発には、単なる技術移転ではなく、地域の組織・制度・知識の活用と、地域の人びと、とくに農業活動の場合は農家の参画が必要である。そのためには、ジーンバンクと農民自身による生息域内保全システムが同時に存在し、それらが互いに連携し、農家・農民が継続的に遺伝資源を利用して、財やサービスを取り出していく、多様かつ多層性をもつシステムの発展が期待される。本書の広島県やエチオピアの事例(第2章・第8章)は、これを強く示唆している。

遺伝資源の価値と利益分配のむずかしさ

農業における生物多様性を考えるとき、人間が植物を作物に変えていった過程がそもそも文明・文化そのものであるとも考えられる。人間が作物を必要としているが、作物も人間を必要としているという共生の関係がある。ところが、メンデルの法則の再発見以降、人間が植物を支配・コントロールする方向へと大きく変化する。同時に、新しい品種の導入によって逆に地域の遺伝的な多様性が消失するという問題も促進された。

「急速に消失しているとされる作物品種の多様性をどこで保全するのか」は、

大きな課題である。従来は生息域外保全が主流であった。だが、ジーンバンクでの保存は、将来、直接的または間接的に使う選択肢を保持するために支払われるというオプション利用価値を前提にしている。育種素材として、あるいは医薬品に使われる場合の遺伝資源は、この選択価値を重視する。ただし、その価値の推定と、それに基づく利益の分配は、非常に困難がともなう。

最近では、生息域内保全の重要性も指摘されるようになってきた。植物遺伝資源の直接利用価値を重視し、農家圃場や生息地内で保全するという考え方である。食料・燃料・医薬品・エネルギー・木材などの需要を満たすための消費的な利用に加えて、景観やエコツーリズムなどレクリエーションや教育活動に利用される非消費的利用もある。これらは、農家や住民によって直接把握される価値である。

将来的な利用であるオプション利用価値を意識した生息域外保全では、遺伝資源の利用とその利益の分配のシステムは巨大にならざるをえない。一方、現在の使用価値を意識した生息域内保全で、利用と利益の分配は地域で実現可能である。そのためには、前述したような多様性かつ多層性をもつシステムを積極的に評価する必要があろう。

6　グローバルとローカルを結ぶ制度構築に必要な視点

世界各地で行われているローカルな管理の事実を積み上げていくことが重要であるにもかかわらず、生物多様性条約の利益配分の議論では、それと乖離した議論が行われている。本書第8章のような組織の多様性と多層性が存在し、また本書第4章で示したような伝統的な研究と参加型研究が併存すれば、生物多様性の持続的利用に資すると考えられる。

絶ち切られた関係性の修復

多様な作物品種は、将来の育種材料という意味だけでなく、いまそこで生きている人びとに育まれ、利用される資源である。そこに住む人間とそこに存在する多様な関係性の回復が見られたとき、これを基盤として、住民同士がつながり、食料や材料の生産者と消費者がつながる。近代化・産業化のもとで絶ち切られてきた関係性、すなわち、地域の環境とそれを利用・管理する人間との

関係性の回復が、人間と生物多様性の双方にとって重要である。

その回復によって、自分たちの生活が維持されていることが理解されると、遺伝資源の地域関係者による管理が優先される。そこでは、作物の多様性を守り、自家採種を続ける人たちも、在来品種の野菜を食べる人たちも、「農民の権利」という知的所有権を主張しようとはしない。自分たちが、いまそこで利用し続けることを自己決定できる自由のみを主張する。

地域の自然環境に大きく依存し、プラス面でもマイナス面でも外部からの介入から受ける影響が大きい地域では、地域住民を中心とした主体性とローカルな知識は非常に重要である。同時に、それを支える外部の組織・制度・資本や技術との協働関係の構築も含めたさまざまなアクターの参加を促すアプローチが不可欠である。その観点から見たとき、流通企業や加工企業はもとより、研究機関や地域外のNGOの役割と、それらの組織との協働が欠かせない。

公的サービスの提供を行う政府・行政や利潤追求を中心とする企業の手から開発の主体を取り戻し、工業化・近代化によって遠ざかった地域資源である作物の多様性を農家や地域住民が主体的に利用する。そうした活動の継続こそが、生物多様性の持続可能な利用とローカルな利益配分に必要である。生物多様性条約がもっぱらエネルギーを注ぐ利益配分の議論は工業社会の論理に基づくもので、農家と作物の関係性をもとにした地域における営みからは離れている。今後、食料農業を対象としている植物遺伝資源国際条約における利益配分の議論では、ローカルな多様性利用と管理の事例を活かす視点がよりいっそう強調されることを期待したい。

「場」の論理の重要性

J. Pretty[18]は、「エコロジーを読み取る能力という概念」「土地のことをよく知る能力」が農村開発に必要であると指摘している。これは、地域住民のみならず介入者にも期待される、環境を管理する社会的能力である。その能力は、「地域内外の関係者が、学び、知識を分かち合う社会的プロセス」とも説明されている。

地域において住民に共有されている生物多様性を育む知識は、一般に暗黙知と呼ばれるもので、近代社会においてフォーマルな教育を通じて伝達される言語化された形式知とは異なることが多い。外部から地域の生物多様性管理に関

与しようとする者は、このような暗黙知を、確立された静的な知識体系とだけ捉えて理解しようとするのではなく、環境とそこに住む住民がその相互関係のなかで現在も紡ぎだし続けている知識・知恵であると捉えて、それらが生み出されるプロセスを理解しようとする必要がある。

グローバリゼーションへの統合度は著しく異なるかもしれないが、日本の農村地域も都市との関係性のなかで理解される部分と同時に、土地固有の開発戦略との間に長らく引き裂かれてきた経験をもっている[19]。その経験を近代化・グローバリゼーションの波に飲み込まれつつある開発途上国地域と共有する意義は大きい。

また、農業生産には、経済的価値のほかに環境保全・伝統・文化など多面的な価値がともなう。だが、多くの場合、これらは市場で取引されない。交換価値を追求して販売するための農業の制度や論理が、使用価値に根ざした生きるための農業の制度や論理を崩壊に導くのであれば、本末転倒である[20]。

さらに、品種に関して菅洋[21]は、元来野菜の特産品は地域の狭い風土の気象・土壌条件のもとで育まれ、そこに適地を見出した遺伝子型をもつもので、適地がきわめて限られたものであろうと述べている。そして、そうした適地において、その特性をもっとも発揮できるような加工法や料理法が発達し、品種が生活文化の一部をなすようになったという。

多様性を利用し続けるシステムをどう構築するか

地域において遺伝資源の価値を引き出すためには、村落レベルでの農業生物多様性の管理が望ましい。ただし、ローカルなアクターのみでは、持続可能なシステムの構築は非常にむずかしい。現在、NGO同士のネットワークのような水平的協力や、政府（中央・地方）・研究機関や国際研究機関との垂直的協力のもとで、持続的な資源利用のシステム構築が行われつつあり、そのさらなる発展が期待される。

地域のアメニティの本質である環境は本来、非移転性という性質をもつ。地域の多様な関係者のネットワークや信頼関係というソーシャルキャピタルも、個別的である。そうした個別性をふまえた参加型開発とは、地域固有の資源を、地域の住民がコミュニティとして、明示的な参加ではなくとも、地域固有の社会的な方法で持続的に使用できる、人間と自然、人間同士の関係を発展させて

いく作法の成立をめざすものであろう。

末原達郎[22]は、経済・社会学的解釈から、食べものを商品として生産し販売する農業と、土地に根ざし、風土のもとで育まれ、地域の人びとの胃袋を満たし、生命を育む農業とに分けている。もちろん、自給自足の農業はもはやほとんど存在しない。しかし、本書の事例で示したように、単純な「遅れた地域の農業」への「近代的技術の導入」「市場へのアクセス提供」とは異なる開発が世界中で行われており、そこで生物多様性が利用されている事実に注目する必要がある。

生息域外にあるジーンバンクと地域内での保全との連携の多様性として、ブルキナファソのマザー・ベビートライアルの事例（第4章）や、農村の市場経済への統合と表裏一体とも言えるケニアにおける開発志向型の伝統野菜復活の例がある。いずれも、生息域外保全を進める研究所や国際機関の存在によって、生息域内での保全も推進されている。多様な組織の存在とそれらの多様な連携によって生物多様性保全が促進されうることが、実証できたといえる。ローカルな保全を行うためには、地域外にある組織、なかでもジーンバンクとの水平的な連携・協働が重要である。

一方、制度的な面では、知的所有権の貿易関連の側面に関する協定、生物多様性条約、食料農業の植物遺伝資源国際条約などのグローバルなシステムがあり、それらに関する国内の制度・法規・組織が整備されることによってミクロの活動が担保されているという面も注目すべきである。その意味では、垂直的な多層性も含めて、水平的な連携・協働だけではない多層的なシステムが求められる。

ブルキナファソでは、カナダのNGOであるUSCカナダが村落レベルのシードバンク運営をしている。この活動には、エチオピアでの国家レベルの生物多様性管理の経験も活かされている。

7　今後議論すべきこと

地域での多様な自主的活動をもとに構築する組織・制度がつくる未来

農民参加による遺伝資源の管理が各国・各地域で実現していることは、これまでの議論をとおして明らかにされた。近代育種が生物多様性を著しく減少さ

せるだけでなく、品種—栽培技術—食物という生活文化の連鎖関係を絶ち切ってきたことに対する反省がその理由になっていることも示唆された。これらの事例の多くは、参加型開発という新しいパラダイムの枠組みのもとで試みられている。資源の利用にあたっては、その資源の存在する地域に住み、日常的にその資源を利用している住民がもっとも豊富で的確な知識をもっていることが前提である[23]。

　途上国の農家だけでなく、先進国の小規模農家・自給的農家や趣味の園芸家たちが経済的にも社会文化的にも受容可能な形で在来品種を利用し、農業における生物多様性が保全されるような継続的管理の仕組みは、生物多様性管理のステークホルダー(利害関係者)を多様にする。そして、食料安全保障の促進のみならず、食料主権の増大にもつながると考えられる。

　名古屋議定書の合意を受けて、食料と農業のための遺伝資源も含めた生物多様性の持続可能な利用と便益の分配をこれから促進するために、国家間のシステムづくりとさまざまな枠組み間の調整が行われていく。だが、その調整には長期間の議論を要するし、先進国と途上国、さらに先進国間、途上国間の利害の衝突も予想される。その意味でも、そうした交渉と並行して、生物多様性条約などの枠組みを活かしつつ、各国・地域の事情に合わせた事例が積み上げられ、地域住民の地域資源の所有に対する権利・権限が増大するような、農業のための生物多様性利用の協力の展開が期待される。

　非効率ではあるが、食料安全保障・食料主権に農家や地域住民が関われる可能性を残す分散型保全システムを維持し続けるのか。効率を求めて、一部の企業や国家に利益が集中する危険性をはらむ単一のグローバルシステムの構築をめざすのか。その選択が私たちの食料安全保障の未来を左右するともいえよう。

ローカルシステムの発展

　実際にローカルなアクター(特定地域内の利害関係者)のみで持続可能なシステムを構築することは困難である。EUにおいては、遺伝資源管理への農民参加、改良品種を対象とした知的財産権の適用制限や品種に関する政策決定過程での農民と政府の協働を推進する議論が行われており、ローカルシステムの規模拡大の可能性が期待される。

商業的利用に基づく金銭的利益配分が今後も経済的には主流であろうが、市場で動くがゆえに、経済的価値の把握のむずかしさともない、グローバルシステムをつくりにくいという面もある。現時点では補完的システムにすぎないものの、開発途上国や条件不利地の農業・農村開発で多様な参加者に基づく多様な価値利用を実施していく内発的なシステム構築が、世界レベルで同時にかつ着実に進んでいる。生物多様性条約でも保証されている農民の権利などの実質化に際して、こうしたローカルなシステムが破壊されないような議論が期待される。

また、遺伝資源の研究と農村開発の乖離が指摘されて久しい。しかし、住民や地域の知恵を積極的に活かせば、研究と開発が統合され得ることも、ケニアの事例が示唆している（第3章）。試験場と普及組織、農協や流通関係者などのネットワーク的な連携も、数多く行われている。

国際的枠組みとの整合性

今後は地域活動においても、生物資源の所有権をふまえて生物多様性条約・名古屋議定書と整合させつつ、農民が利益を享受できる遺伝資源管理が必要になる。

地域の自然環境に大きく依存し、プラス面でもマイナス面でも外部からの介入から受ける影響も大きい小規模農業においては、とくに住民を中心とした主体性とローカルな知識が非常に重要である。同時に、それを支える外部の組織・制度・資本や技術との協働関係の構築も、それ以上に重要である。伝統的知識を自分たちが自由に使うことが制限され、種子の採種や交換という地域の慣習まで違法とされる場合もある。そうした点から見たとき、農民の権利や伝統的知識の保護においては、作物の直接的価値の利用に深く関わる流通企業や加工企業も含めた、すべての研究機関や地域外のNGOなど関係者の役割が明らかにされるべきである。

生物多様性条約がもっぱらエネルギーを注いでいる利益配分の議論は、知的財産権を基本的前提とした、ともすれば工業社会の論理に基づくものであり、農家と作物の関係性をもとにした地域における営みからは離れている。食料農業のための植物遺伝資源国際条約における利益配分や農民の権利の議論のなかに、ローカルな多様性利用と管理の事例を活かす視点が含まれることを期待し

たい。

多層なレベルの関与と農家・市民の参加

　本書では、農業生物多様性の源である種子を資源として地域開発に活用する際に、グローバル、ナショナル、リージョナルおよびコミュニティという多層なレベルの組織制度の関与が必要であることを実証しようとしてきた。また、生物多様性条約、食料農業植物遺伝資源国際条約の枠組みのもとで、国際援助機関が農民組織の強化を重視してきた背景や、その後、援助の重点がどのように変化したかを明らかにし、マクロからミクロにわたる組織制度の現状の把握とその評価基準の作成を行おうとした。

　こうした作業は、農業生物多様性の管理と地域開発の組織制度との融合を可能にする。それは、気候変動の影響で不安定な農業生産を余儀なくされているアフリカなどの開発途上地域における遺伝資源の持続的管理のみならず、急速な高齢化と過疎化で集落の維持が困難になっている日本の中山間地における資源管理においても重要な知見を提供できる。また、商業的農業が中心である北アメリカなどで注目されつつある地域共有型農業(Community Shared Agriculture)[24]においても、農業生物多様性が地域の持続可能な発展を支える重要な資源として利用され、グローバルなフードシステム転換の端緒になりうるという議論が始まっている。

　食料農業植物遺伝資源の管理を、先進国・途上国の対立という国家間の問題としてだけ捉えるのではなく、世界中の多様な農家や市民の認識と参加を促し、それぞれの文脈における地域の参加者の役割についての普遍性を導き出すことが期待されることを指摘して、本書の結論と提言としたい。

(1) 河野和男(2001)『自殺する種子――遺伝資源は誰のもの？――』新思索社。
(2) 大賀圭治(2004)『食料と環境』岩波書店、175、200ページ、参照。
(3) FAO(2010) The State of The World's Plant Genetic Resources for Food and Agrisulture.
(4) Pretty, J.(1995), *Regenerating Agriculture -Policies and Practice for Sustainability and Self-Reliance*, Earthscan, p. 77.
(5) 品種の画一化による農業生産の脆弱化は、とくに病害虫による被害に現れる。1840年代のアイルランドのバレイショ疫病、1970年代のアメリカにおけるト

ウモロコシのゴマハガレ病などが報告されている。
(6) バビロフ自身による世界探索の記録が復刻されており、当時のロシアの国策とともに、日本を含めていかに多くの作物品種が栽培されていたかが克明に記されている。詳しくは、Vavilov N. I.（1997）, *Five Continents*, International Plant Genetic Resources Institute、参照。
(7) UNU-IAS（2008）, MDG on Reducing Biodiversity Loss and the CBD's 2010 Target.
(8) Brush, S. B.（1995）, In situ conservation of landraces in centers of crop diversity, *Crop Science*, Vol. 35., PP. 346-354.
(9) 前掲(2)、79 ページ、参照。
(10) 1989 年の FAO 総会決議(5/89)で、「農民の権利とは、農民による過去・現在・未来にわたる植物遺伝資源の保全、改良、利用可能なかたちでの提供の面での、とくに原産地および変異の中心地における農民の貢献に由来する権利である」とされ、利益配分の国際交渉でもよく使われる論理である。
(11) 守友祐一（1991）『内発的発展の道―まちづくり、むらづくりの論理と展望―』農山漁村文化協会、27〜28 ページ。
(12) 鶴見和子（1996）『内発的発展論の展開』筑摩書房、318 ページ。
(13) 久野秀二（2011）「国連『食料への権利』論と国際人権レジームの可能性」村田武編著『食料主権のグランドデザイン―自由貿易に抗する日本と世界の新たな潮流―』農山漁村文化協会、161〜206 ページ。
(14) 西川芳昭・根本和洋（2010）『奪われる種子・守られる種子―食料・農業を支える生物多様性の未来―』創成社。
(15) Nyeleni(2007), Declaration of the Forum for Food Sovereignty 2011 年 3 月 10 日アクセス　http://www.foodsovereignty.org/public/new_attached/49_Declaration_of_Nyeleni.pdf2
(16) 真嶋良孝（2011）「食料危機・食料主権と『ビア・カンペシーナ』」前掲(13)、村田編著、125〜160 ページ。
(17) たとえば、食料農業のための植物遺伝資源国際条約締約国会議の決定に基づき行われた「2010 年農民の権利に関する世界協議：E-MAIL による調査結果」(原文：The 2010 Global Consultations on Farmers' Rights : Results from an Email-based Survey)は、「農場に保管した種子および繁殖材料を備蓄、利用、交換、販売する農民の権利」(Rights of farmers to save, use, exchange and sell farm-saved seed and propagating material)などについてノルウェーにあるシンクタンク The Fridtjof Nansen Institute が実施した調査である。この調査結果は、2011 年 3 月 14〜18 日にインドネシア・バリ島で開催された第 4 回締約国会議に報告され、今後の計画議論の基礎資料とされた(原文は http://www.fni.no/doc&pdf/FNI-R0211.pdf 参照)。

(18) 前掲(4)、参照。
(19) Kitano, S(2009), *Space, Planning, and Rurality : Uneven Rural Development in Japan*, Trafford.
(20) 末原達郎(2004)『人間にとって農業とは何か』世界思想社。とくに、終章第2節「農業の本質とは」参照。
(21) 菅洋(1987)『育種の原点―バイテク時代に問う―』農山漁村文化協会。
(22) 前掲(20)、参照。
(23) もちろん、地域に生活する者が地域の固有性にこだわりながら地域づくりをするその手法の普遍化は、参加型開発をもう一度直線的近代化論の一分野に戻してしまう危険があり、留意が必要である。
(24) 地域共有型農業とは、現代社会がかかえる農業や食料の問題は政府が解決する問題ではなく、むしろ社会システムの問題であり、生産者や消費者の思考や方法を変える必要があると考えた人たちが、カナダやアメリカで始めた運動である。アメリカでは同様の地域農場のシステムを地域支援型農業(Community Supported Agriculture：CSA)と呼び、生産者と消費者が協働している。CSAは、農業の生産にともなうリスクと収穫の双方を生産者と農家が共有することを基本としている点が通常の農業と大きく異なる。重要な問題として農地と食卓の距離の遠さがあることから、地域での生産と消費が重要であると考えられている。農家と都市生活者の間に多くの仲介者がいるが、多くの場合、農家は都市生活者を理解しておらず、都市生活者は農家を理解していない。したがって、問題の解決方法は、政府からの新しい支援ではなく、都市生活者と農家との距離を縮めることであると考えられている。また、こうした北米の運動の原点のひとつは日本の「提携」であることも指摘されている。詳しくは、エリザベス・ヘンダーソン、ロビン・ヴァン・エン著、山本きよ子訳(2008)『CSA 地域支援型農業の可能性―アメリカ版地産地消の成果―』家の光協会、参照。

あとがき——今後にむけて何が必要なのか

　アフリカ各国で種子法が制定され、生物多様性の管理に工業的な価値観が急速に導入されている。農民をはじめ私たち人類が生物多様性の価値を最大限に利用するには、科学技術の発展とその学習が重要であることは間違いない。しかし、農業に関する生物多様性の管理においては、同様に、またはそれ以上に重要なのは、この多様性を利用する権利が誰にあり、そのための知恵をもつ組織をどうつくるかという、農民の権利に関する関係者の理解の促進である。

　近代化の概念に基づく途上国への農業開発援助では、食料と連動して種子の援助が行われることが一般化している。食料は食べてしまえば終わりであるが、種子であれば、地域の農家自身による翌年以降の食料生産に貢献するという発想である。だが、その環境への影響の評価、とくに社会的環境への影響の評価は喫緊の課題となっている。なぜなら、援助で入ってきた種子が地域に本当に適したものであるか、圃場や農業生態系にネガティブな影響がないかなどは、ほとんど考慮されていないからである。持続可能な農業開発を実現するには、農家が自らの置かれている自然・社会・文化的環境のなかで、播きたいタネを播くことのできる農村開発が担保されなければならない。

　では、実態はどうであろうか。食料農業のための植物遺伝資源国際条約締約国会議の決定に基づいて行われた「2010年農民の権利に関する世界協議」では、農民の権利の実現に向けて世界各国でどのような制度構築が実施または計画されているか、その効果はどのように評価されているかが分析されている。なお、以下の情報は、ノルウェーのシンクタンク Fridtjof Nansen Institute が FAO の委託を受けて実施した「2010年農民の権利に関する世界協議：E-MAIL による調査結果」の全体概要と第5章「農場に保管した種子及び繁殖材料を備蓄、利用、交換、販売する農民の権利」から抜粋した。

　その分析によると、ほとんどの先進国では、開発途上国と比べて法令による農民の権利の制限が行われていた。知的所有権に関する法令（特許法と植物育種家の権利）は育種家に有利であり、保護された品種の種子を農民が自分の農場で保全・利用・交換・販売することを制限する。

　このような規制は、種苗産業や一部の政府からは高く評価されている。なぜ

なら、植物育種の発展・農民の利益・社会全般にとってのより大きな刺激となるからである。保護された品種から採取された種子を農民が交換・販売することには消極的である。一方で、多くの農民やNGOからは、農家が自らの農場で保全した種子を自由に利用・交換・販売する慣行上の権利を侵害するとして否定的に捉えられている。異なる意見の調整を図るために、たとえばノルウェーのように、圃場で保全する保護品種の種子を農民が保全・利用・交換することは許可するが、販売は許可しない国もある。インドは、元の銘柄でない名前であれば、保護品種の販売を農民に許可する。

「世界協議」のアンケート調査に回答したNGOや途上国政府関係者の大半は、農場に保管した種子を農民が保存・利用・交換・販売する権利を保証する適切な国内法令と規制の欠如について、農民の権利の実現を阻害する緊急課題であると認識している。在来品種と農民の品種ならびに保護された品種をめぐって農民の権利を制限する現在の動きは、作物の遺伝的多様性の圃場保全と持続可能な利用の促進に寄与する農民の能力の発現にとって脅威である。農民を含めた政策の意思決定者がその重要性に気づいていないことも問題であろう。

農民の権利を実現する責任は、食料農業のための植物遺伝資源国際条約第9条によると各国の政府にある。重要な問題は、その締約国会議が農民の権利に関する条約の規定の遵守をどう推進するかであろう。農民の権利を実現するための国レベルの法令・政策・戦略と、それらを展開するための締約国会議からの支援、適切な運営組織の設立と適切な実施方法の確立の支援が、それぞれ必要である。

調査報告では、インフォーマルな種子システムを改善する必要性についての意見が紹介される一方で、研究・参加型の植物育種とシードバンク／ネットワークの設立が重要な対策とされた。国家レベルと地域レベルでの経験をもとにして、農民の権利を守るための最低限の基準を改善し、条約が明確に認めて評価している多様性管理における農家の役割を具体的に国際的枠組みのなかに組み込む必要性があると考える。

ジーンバンクを含めた既存施設の積極的利用も、進めなければならない。ただし、従来からの一部の育種研究者や民間会社だけではなく、農家を含めた多様なステークホルダー（利害関係者）による利用が重要である。これまで遺伝資源は、研究者間では善意による交換が行われてきた。しかし、さまざまな国際

条約の議論を厳密に適用すると、こうした善意の利用や農家による伝統的な利用が制限される可能性がある。農家・農村が持続的であるためには、農民の権利以前の当然の営みとして、関係するすべてのステークホルダーによる善意の利用が続けられるシステムが担保される必要を訴えたい。

　本書の土台となる研究は、2008年度に採択された三井物産環境基金研究助成「持続可能な地域開発のための農業生物多様性管理の組織制度構築に関する研究」である。研究組織のメンバーは、それぞれの専門分野から生物多様性の管理および農村開発に関わっており、筆者の研究目的に賛同して集まってくださった。このような研究が可能になったのは、三井物産環境基金が研究の発想とその成果の社会的影響を重視し、特定のディシプリンにこだわらない研究を許してくださったことによる。3年間の助成と指導を深く感謝する。また、ブルキナファソの調査研究の一部は国際協力機構のプロジェクト研究によって実施し、長野県の種苗店の調査は日本学術振興会の科学研究費(19510044)を一部使用している。

　最後に、こうした地味な研究成果の出版に応じてくださったコモンズに感謝する。編者が15年前に国際開発の現場から日本国内の地域の課題に取り組む研究と実践をつなぐ仕事に転職したとき、最初に学んだ本が『ヤシの実のアジア学』(鶴見良行・宮内泰介編著、コモンズ、1996年)であり、将来このような本を出す出版社のお世話になれたらと願ったものである。本研究の見通しが立った2011年春に出版について相談させていただいたところ、「重要な課題ですから、小社で出しましょう」と快諾をいただき、その後出版の実現に向けて指導をしてくださった代表の大江正章氏に、お礼申しあげる。

　　2012年1月

　　　　　　　　　　　　　　　　　　　　　　　　　西川芳昭

◆執筆者一覧◆

西川芳昭(にしかわ・よしあき)　【序章・第2章・第4章・終章】
1960年、奈良県生まれ。1984年、京都大学農学部農林生物学科卒業。1990年、バーミンガム大学公共政策研究科修了。博士(農学)。国際協力事業団(現国際協力機構)、農林水産省などを経て、2008年より名古屋大学大学院国際開発研究科教授(農村・地域開発プログラム)。専門は農業における生物多様性管理・農村コミュニティ開発。主著＝『地域文化開発論』(九州大学出版会、2002年)、『作物遺伝資源の農民参加型管理』(農山漁村文化協会 2005年)。COP10では、国連機関とNGOの両方で事前登録をしていたが、当日どちらかを選ぶように迫られ、NGOメンバーとして出席した。

根本和洋(ねもと・かずひろ)　【第1章】
1967年、東京都生まれ。1995年、信州大学大学院農学研究科修了。1992年より青年海外協力隊隊員としてネパール国農業研究評議会に配属され、高地作物の遺伝資源収集、評価作業に従事。岐阜大学大学院連合農学研究科博士課程中退後、1997年より信州大学農学部助手。2002年、ワーゲニンゲン大学(オランダ)在外研究員。現在、信州大学大学院農学研究科助教。専門は植物遺伝育種学。共著＝『奪われる種子・守られる種子』(創成社、2010年)。アマランサスをはじめとするマイナー作物の遺伝育種学的研究を中心に、アブラナ科在来品種の保全遺伝学的研究も行っている。

冨吉満之(とみよし・みつゆき)　【第2章】
1980年、福岡県生まれ。2006年、京都大学大学院農学研究科修士課程修了(栽培植物起原学)。2010年、京都大学大学院地球環境学舎博士課程研究指導認定退学。博士(地球環境学)。京都大学生存基盤科学研究ユニット特定研究員などを経て、2011年より京都大学地球環境学堂研究員(環境農学)。専門は非営利組織論・環境経済学。主論文＝「日本の農業・農村分野におけるNPO活動の現状と課題」(博士論文)。全国のNPOや農業者を対象としたフィールド調査を実施している。

森元泰行(もりもと・やすゆき)　【第3章】
1967年、東京都生まれ。1991年、東京農業大学農学部農業拓殖学科卒業。2004年、東京農業大学大学院農学研究科農学専攻博士課程修了。博士(農学)。ケニア国立博物館植物標本部、バイオバーシティ・インターナショナルを経て、2006年から同研究所(民族植物学－生物多様性)研究員。主論文＝「ヒョウタン在来品種の多様性とその維持にかかわる文化的要因」(『生物の科学 遺伝』第58巻5号、2004年)。アフリカの農村の多様な在来作物や品種群の遺伝資源利用・管理に関わる農民の知恵や社会的メカニズムの研究を通じ、遺伝資源を守り利用する人びとの暮らしと健康の改善に資する活動を展開する。

槇原大悟(まきはら・だいご)【第4章】
1970年、広島県生まれ。1993年、岡山大学農学部総合農業科学科卒業。2000年、岡山大学大学院自然科学研究科博士課程修了。博士(農学)。名古屋大学農学国際教育協力研究センター(ICCAE)研究機関研究員、JICA長期派遣専門家(アフリカ人造り拠点プロジェクト、ケニア)を経て、2007年よりICCAE准教授。専門は作物学・農業農村開発。現在は、おもにアフリカを研究フィールドとして、農民の生活向上、持続的作物生産、環境保全などに資する農業技術の開発と社会的側面に関する研究に取り組んでいる。

稲葉久之(いなば・ひさゆき)【第4章】
1978年、大阪府生まれ。2002年、筑波大学第三学群国際総合学類卒業。2010年、南山大学大学院人間文化研究科教育ファシリテーション専攻修了(教育ファシリテーション修士)。青年海外協力隊(セネガル:村落開発普及員)、名古屋市内のまちづくり団体を経て、2011年4月より特定非営利活動法人AMDA社会開発機構でアフリカ事業を担当。専門はコミュニティ開発、体験学習。学びを支援する関わり方に関心をもち、学び合う場づくり、ラーニング・ファシリテーションの実践を行っている。

小谷(旧姓:永井)美智子(こたに・みちこ)【第4章】
1982年、宮城県生まれ。2005年、新潟大学理学部生物学科卒業。2010年、名古屋大学大学院国際開発研究科修了。修士(国際開発学)。青年海外協力隊(ニジェール共和国:村落開発普及員)を経て、2010年より公益財団法人笹川記念保健協力財団にプログラムオフィサーとして勤務。

松井健一(まつい・けんいち)【第5章】
1969年、愛知県生まれ。2003年、カナダ、ブリティッシュ・コロンビア大学大学院歴史学科博士課程修了(Ph.D)。サイモン・フレーザー大学、ブリティッシュ・コロンビア大学歴史学科非常勤講師などを経て、2008年より筑波大学大学院生命環境科学研究科助教(持続環境学専攻)。専門は先住民族と水開発、水利権、環境史、農業政策、伝統知、環境倫理など。主著 = "Native Peoples and Water Rights: Irrigation, Dams, and the Law in Western Canada"(マギル大学出版会、2009年)。現在は、カナダ、アメリカ、オーストラリア、国連大学の研究者らと水利権や伝統知について共同研究をしながら、社会的貢献度の高い研究成果をめざしている。

西村美彦(にしむら・よしひこ)【第6章】
1946年、群馬県生まれ。1969年、東京農工大学農学部植物防疫学科卒業。1997年博士(農学、筑波大学)。海外技術協力事業団(現国際協力機構)でネパールやインドネシアなど

に農業専門家として勤務後、1997年より名古屋大学大学院国際開発研究科教授、2009年より琉球大学観光産業科学部観光科学研究科教授。専門は熱帯の作付・営農体系・農村開発。主著=『熱帯アジアにおける作付体系技術』(筑波書房、2009年)、『サゴヤシ』(共著、京都大学学術出版会、2010年)。インドネシア南東スラウェシ州の伝統的農村社会の農村開発を現地の大学と共同で研究している。

藤川清史(ふじかわ・きよし)【第7章】
1959年、兵庫県生まれ。1986年、神戸大学大学院経済学研究科単位取得修了。博士(経済学)。国際連合経済社会局、甲南大学経済学部などを経て、2007年より名古屋大学大学院国際開発研究科教授。専門は計量経済学・環境経済学。主著=『グローバル経済の産業連関分析』(創文社、1999年)。『国産化の経済分析』(共著、岩波書店、1998年)。

福田聖子(ふくだ・せいこ)【第8章】
1984年、岡山県生まれ。2006年、香川大学農学部生物生産学科(果樹園芸学専攻)卒業。青年海外協力隊(マラウイ、果樹)を経て、2011年、名古屋大学大学院国際開発研究科修了。名古屋大学大学院博士後期課程在学中。専門はアフリカにおける農業・農村開発。国際農業研究機関やNPOのインターンをはじめ、マラウイにおける農村女性の食品加工やエイズ遺児の支援活動も行っている。

鄭せいよう(てい・せいよう)【第8章コラム】
1985年、中国吉林省生まれ。2009年、カリフォルニア大学サンフランシスコ校(国際関係専攻)卒業。2012年、名古屋大学大学院国際開発研究科博士前期課程修了。グローバリゼーションや民主化・市場自由化が農業に与える影響を中心に学び、ネパールの農業における参加型開発プロジェクトに関する調査を行う。

渡邉和男(わたなべ・かずお)【第9章・コラム】
1960年、大阪府生まれ。1983年、神戸大学農学部卒業。1985年、神戸大学大学院修士課程修了。1988年、University of Wisconsin-Madison博士課程修了(Ph.D)。ペルー、アメリカ、近畿大学生物理工学研究所で植物遺伝資源の保全と利用をイモ類を中心に行ってきた。2001年より筑波大学遺伝子実験センター教授。現在は植物遺伝学とBiodiplomacyの学際研究に従事。主著= *"Challenge of Plant and Agricultural Sciences to the Crisis of Biosphere on the Earth in the 21st Century"* (Austin: Landes Bioscience, 2000)。遺伝資源の利用のために、バイオテクノロジー研究と生物多様性条約などの国際条約の交渉に関わっている。

生物多様性を育む食と農

2012年3月26日・第1刷発行
編著者・西川芳昭
©Yoshiaki Nishikawa, 2012, Printed in Japan.
発行者・大江正章
発行所・コモンズ
東京都新宿区下落合 1-5-10-1002
TEL03-5386-6972 FAX03-5386-6945
振替 00110-5-400120

info@commonsonline.co.jp
http://www.commonsonline.co.jp/

印刷／東京創文社　製本／東京美術紙工
乱丁・落丁はお取り替えいたします。
ISBN 978-4-86187-092-7 C 3061

コモンズの本

有機農業の技術と考え方
中島紀一・金子美登・西村和雄 編著　2500 円

有機農業選書1
地産地消と学校給食　有機農業と食育のまちづくり
安井孝　1800 円

有機農業選書2
有機農業政策と農の再生　新たな農本の地平へ
中島紀一　1800 円

いのちと農の論理　地域に広がる有機農業
中島紀一 編著　1500 円

有機農業の思想と技術
高松修　2300 円

有機農業で世界が養える
足立恭一郎　1200 円

有機農業が国を変えた　小さなキューバの大きな実験
吉田太郎　2200 円

食べものと農業はおカネだけでは測れない
中島紀一　1700 円

（価格は税別）

コモンズの本

天地有情の農学
　　　　　　　　　　　　宇根豊　2000円

食農同源　腐蝕する食と農への処方箋
　　　　　　　　　　　　足立恭一郎　2200円

みみず物語　循環農場への道のり
　　　　　　　　　　　　小泉英政　1800円

いのちの秩序 農の力　たべもの協同社会への道
　　　　　　　　　　　　本野一郎　1900円

幸せな牛からおいしい牛乳
　　　　　　　　　　　　中洞正　1700円

本来農業宣言
　　宇根豊・木内孝・田中進・大原興太郎ほか　1700円

農家女性の社会学　農の元気は女から
　　　　　　　　　　　　靍理恵子　2800円

農業聖典
　　A・ハワード著　保田茂監訳　魚住道郎解説
　　　　　　　日本有機農業研究会発行　3800円

（価格は税別）

コモンズの本

有機農業研究年報 Vol.1
21世紀の課題と可能性
日本有機農業学会編　2500円

有機農業研究年報 Vol.2
政策形成と教育の課題
日本有機農業学会編　2500円

有機農業研究年報 Vol.3
岐路に立つ食の安全政策
日本有機農業学会編　2500円

有機農業研究年報 Vol.4
農業近代化と遺伝子組み換え技術を問う
日本有機農業学会編　2500円

有機農業研究年報 Vol.5
有機農業法のビジョンと可能性
日本有機農業学会編　2800円

有機農業研究年報 Vol.6
いのち育む有機農業
日本有機農業学会編　2500円

有機農業研究年報 Vol.7
有機農業の技術開発の課題
日本有機農業学会編　2500円

有機農業研究年報 Vol.8
有機農業と国際協力
日本有機農業学会編　2500円

（価格は税別）